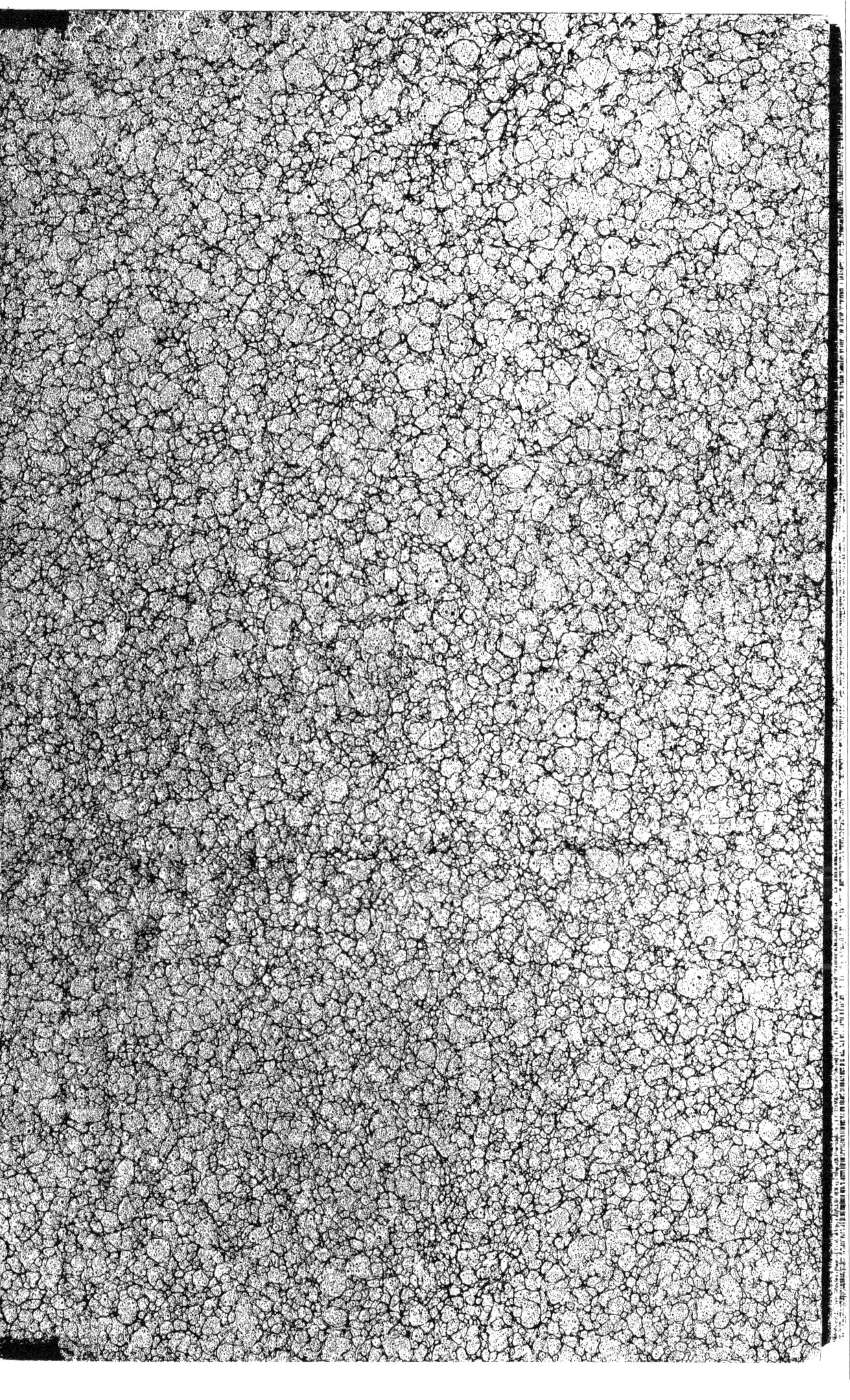

OSTÉOGRAPHIE

OU

DESCRIPTION ICONOGRAPHIQUE

COMPARÉE

DU SQUELETTE ET DU SYSTÈME DENTAIRE

DES MAMMIFÈRES

RÉCENTS ET FOSSILES

POUR SERVIR DE BASE A LA ZOOLOGIE ET A LA GÉOLOGIE

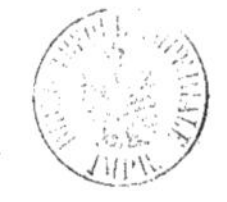

PAR

H. M. DUCROTAY DE BLAINVILLE

MEMBRE DE L'INSTITUT (ACADÉMIE DES SCIENCES)

PROFESSEUR D'ANATOMIE COMPARÉE AU MUSÉUM D'HISTOIRE NATURELLE, ETC.

OUVRAGE ACCOMPAGNÉ DE 329 PLANCHES LITHOGRAPHIÉES SOUS SA DIRECTION

PAR M. J. C. WERNER

Peintre du Muséum d'Histoire naturelle de Paris

PRÉCÉDÉ D'UNE ÉTUDE SUR LA VIE ET LES TRAVAUX DE M. DE BLAINVILLE

PAR M. P. NICARD

ATLAS — TOME QUATRIÈME

Composé de 93 Planches

QUATERNATÈS — MALDENTÉS

PARIS

J. B. BAILLIÈRE ET FILS

LIBRAIRES DE L'ACADÉMIE IMPÉRIALE DE MÉDECINE,

Rue Hautefeuille, 19.

LONDRES

HIPP. BAILLIÈRE, 219, Regent-street.

NEW-YORK

BAILLIÈRE BROTHERS, 440, Broadway.

MADRID

BAILLY-BAILLIÈRE, Plaza del Principe-Alfonso, 8.

1839—1864

TABLE DES PLANCHES

CONTENUES DANS LE QUATRIÈME VOLUME.

QUATERNATÈS, MALDENTÉS.

ONGULOGRADES.

G. PALÆOTHERIUM, avec 8 planches.

I. Têtes (des plâtrières de Paris) du *P. Curtum*.
— du *P. Crassum*.
— du *P. Magnum*.
— du *P. Medium*.
II. Mâchoires inférieures et vertèbres (des plâtrières de Paris) du *P. Magnum*.
— du *P. Medium*.
— du *P. Crassum*.
— du *P. Medium*, de Montyon.
— du *P. Velaunum*, du Puy.
III. Membres antérieurs (des plâtrières de Paris).
— du *P. Crassum*.
— du *P. Magnum*.
— du *P. Medium*.
— du *P. Latum*.
— du *P. Curtum*.
IV. Membres postérieurs (des plâtrières de Paris).
— du *P. Magnum*.
— du *P. Crassum*.
— du *P. Medium*.
— du *P. Latum*.
V. Système dentaire (des plâtrières de Paris).
— du *P. Magnum*.
— du *P. Medium*.
— du *P. Crassum*.
— du *P. Magnum*, de Bordeaux.
— du *P. Latum*.
— du *P. Curtum*.
VI. *Palæotherium Minus* (des plâtrières des environs de Paris).
VII. *Palæotherium Hippoides*, de Sansans, de Montpellier, du Gard.
VIII. Ossements de diverses localités.
— du *P. Crassum*, d'Avignon.
— du *P. Velaunum*, du Puy.
— du *P. Curtum*, de Nice.
— du *P. Isselanum*, d'Issel, Languedoc, de Buschweiler, Alsace.
— du *P. Medium*.
— du *P. Magnum*.
— du *P. Minus*.
— du *P. Medium*.

G. LOPHIODON, avec 3 planches.

I. Lophiodon de diverses espèces.
— du *L. giganteum*.
— du *L. Tapiroïdes*.
— du *L. Buxovillanum*.
— du *L. Isselense*.
— du *L. Tapirotherium*.
II. Lophiodon de diverses localités, de Passy, de Vaugirard, de Cuys près Épinay, de Provins, de Nanterre, de Montpellier.
— du *L. Minimum*, d'Auvergne.
— du *L. Aurelianense* (ex G. Cuvier).
— *Hyracotherium* de Passy.
— *L.* (*Coryphodon*) *Eocænum*.
Lophiodon Anthracotherium du mont de la Justice, près Digoin.
III. Lophiodon de diverses localités.
Lophiodon Sibericum.
Lophiodon du val d'Arno.

G. ANTHRACOTHERIUM, avec 3 planches.

I. Système dentaire de l'*A. Magnum*, d'Auvergne.
— de l'*A. Velaunum*, du Puy.
— de l'*A. Minus*, de Cadibona.
II. *Anthracotherium magnum*.
III. Ossements de diverses localités.
A. Magnum, de l'Orléanais.
A. Gergorianum, Auvergne.
A. Velaunum, du Puy.
A. Minutum, Lot-et-Garonne.
Lophiodon, du Laonnais et du Soissonnais.

G. CHÆROPOTAMUS.

Chæropotamus Parisiensis.
Chæropotamus d'Angleterre, ex Owen.
Chæropotamus? de l'Orléanais.
Hyracotherium d'Angleterre.
Tapirotherium de Simorre (Gers).

G. TAPIRUS, avec 6 planches.

I. Squelette du *T. Indicus*.
II. Têtes du *T. Indicus*.
III. — du *T. Americanus*.
— du *T. Pinchacus*.
IV. Parties caractéristiques des membres.
— du *T. Americanus*.
— du *T. Indicus*.
V. Tapirs, système dentaire du *T. Pinchaeus*.
— du *T. Americanus*.
— du *T. Indicus*.
— du *T. Arvernensis*.
— du *T. Priscus*.
VI. *Tapiri fossiles*.
— *T. Arvernensis*.
— *T. Priscus*.
— *Lophiodon*.

G. HIPPOPOTAMUS, avec 8 planches.

I. Squelette de l'Hippopotame du Cap (*Hippopotamus amphibius Capensis*).
II. Tête d'*H. amphibius* (Cap).
III. — d'*H. amphibius* vivants et fossiles, du val d'Arno, du Sénégal, d'Égypte.
— de l'*H. Sivalensis foss.* de l'Inde.
IV. Parties caractéristiques du tronc.
— *H. Amphibius foss.*, Sénégal.
— *H. A. foss.* du val d'Arno.
— *H. A. foss.*, Palerme.
V. Parties caractéristiques des membres.
— a. *H. Amphibius foss.*, Sénégal.
— b. *H. A. foss.* du val d'Arno.
— c. *H. A. foss.* de Palerme.
— d. *H. Sivalensis foss.* de l'Inde.

VI. *Hippopotamus Minutus* (foss.).
VII. Système dentaire de l'*H. amphibius* (mâchoire supérieure).
VIII. Système dentaire de l'*H. amphibius* (mâchoire inférieure).

G. Sus, avec 9 planches.

I. Squelette du Sanglier (*Sus Scrofa*).
II. — du Babiroussa (*Sus babirussa*).
III. — du Pécari (*S. torquatus*).
IV. Têtes du *S. Scrofa Ferus*.
— du *S. Scrofa domesticus*.
— du *S. Scrofa domesticus* (Patagonie).
— du *S. Scrofa Ferus* (Arron).
V. *S.* de diverses espèces.
— *S. Vittatus* (Java).
— *S. Babirussa*.
— *S. Indicus* (Malabar).
— *S. Torquatus*.
— *S. Indicus* (Siam).
— *S. Scrofa* (Égypte).
— *S. Larvatus*.
— *S. Æthiopicus*.
VI. Parties caractéristiques du tronc.
— *Sus domesticus*.
— *S. Scrofa Ferus*.
— *S. Torquatus*.
— *S. Æthiopicus*.
— *S. Babirussa*.
VII. Parties caractéristiques des membres.
— *S. Babirussa*.
— *S. Labiatus*.
— *S. Torquatus*.
— *S. Æthiopicus*.
VIII. Système dentaire antérieur et postérieur des espèces vivantes.
— *S. Torquatus*.
— *S. Babirussa*.
— *S. Larvatus*.
— *S. Scrofa* (*Ferus*).
— *S. Scrofa* (*domesticus*) *Junior*.
— *S. Æthiopicus*.
IX. Fossiles de diverses espèces.
— *Sus Torquatus* (Buénos-Ayres).
— *S. Scrofa* (Avison).
— *S. Priscus* (Westphalie).
— *S. Provincialis*.
— *S. Scrofa* (Lunéville, Abbeville, Montpellier, Buschweiler, Texas).
— *S. Americanus* (Géorgie).
— *S. Antiquus* (Eppelsheim).
— *S. Mastodontoïdeus* (Malte).
— *S. Sivalensis* (Inde).
— *S. Larvatus* (Avignon, Anjou).
— *S. Antediluvianus* (Orléanais).
— *S. Arvernensis* (Auvergne).
— *S. Chœrotherium*.
— *S. Lemuroïdes* (Sansans).
— *S. Scrofa?* (Simorre).
— *Hyotherium Sœmmeringii* (*Georgensgemund*).

G. Anoplotherium, avec 9 planches.

I. *A. commune*, squelette de Montmartre.
A. secundarium, squelette d'Antony.
II. Têtes et système dentaire de l'*A. commune*.
— de l'*A. secundarium*.
III. Membres antérieurs.
— de l'*A. commune* (de Paris).
— de l'*A. grande* (Sansans).
— de l'*A. secundarium*.
IV. Membres postérieurs.
— de l'*A. commune* (de Paris).
— de l'*A. secundarium*.
— de l'*A. grande* (de Sansans).
V. *A.* (*Xiphodon*) *gracile*.
VI. *A.* (*Dichobune*) *Leporinum* (de Paris).
— *A. Murinum*.
— *A. Obliquum*.
— *A. Cervinum*.
VII. *Caïnotherium* (d'Auvergne).
VIII. Système dentaire.
— de l'*A. Grande*.
— de l'*A. Magnum*.
— de l'*A. Sivalense*.
— de l'*A. commune*.
— de l'*A. Sivalense*.
— de l'*A. Goldfussii*.
— de l'*A. antiquum* (*Calicotherium*)
— du *Dichodon cuspidatus*.
— de l'*Hyopotamus vectianus*.
— de l'*H. bovinus*.
— du *Merycopotamus*.
— du *Tapirotherium*.
IX. Système dentaire d'*Anoplotherium* et genres voisins.
— de l'*A. commune*, d'après M. Cuvier.
— de l'*A. grande* (Sansans).
— du *Paloplotherium* de Gargas (Vaucluse.
— du *Chalicotherium Sivalense*.
— du *C. Anisodon*.
— de l'*Antracotherium minimum* de Cadibona.
— du *Mericopotamus dissimilis*.
— de l'*Hippohyus sivalensis*.
— du *Microchœrus erinaceus*.
— de l'*Adapis Parisiensis*.

G. Camelus, avec 5 planches.

I. Squelette du Dromadaire (*C. Dromedarius*).
II. — du Lama (*C. Lama*).
III. Têtes et système dentaire des espèces vivantes et fossiles.
IV. Parties caractéristiques du tronc.
— du *C. Dromedarius*.
— du *C. Bactrianus*.
— du *C. Bactrianus jun.*
— du *C. Lama*.
— du *C. Vicugna*.
— du *C. Sivalensis* (ex Falconet, ex Durand).
— du *C. Sibiricus*.
— du *C. fossil.* de Sibérie.
V. Parties caractéristiques des membres
— a. *C. Dromedarius*.
— b. *C. Lama*.

G. Bradypus, avec 6 planches.

I. Squelette du Paresseux Unau (*B. didactylus*).
II. — du Paresseux Aï (*B. tridactylus*).
III. Têtes du *B. didactylus*.
— du *B. didactylus* (*Jun.*).
— du *B. torquatus*.
— du *B. tridactylus* (*Guyanensis*).
— du *B. tridactylus* (*Brasiliensis*).
IV. Parties caractéristiques du tronc, Unau (*Bradypus Didactylus*, *Tridactylus Brasiliensis*, *Guyanensis*).
V. Parties caractéristiques des membres (*B. didactylus*).
VI. Parties caractéristiques des membres, Aï (*B. tridactylus Brasiliensis*, *Guyanensis*).

Planches sans texte, faisant partie de la 25ᵉ livraison, publiée avec une explication après la mort de M. de Blainville.

MAMMIFÈRES. — *ONGULOGRADES.*

G. CAMELOPARDALIS ET MACRAUCHENIA.

PL. I. Squelette de la *Camelopardalis giraffa.*
II. Têtes et système dentaire de la *Camelopardalis Giraffa* du Sénégal, d'Abyssinie, du Cap.
— du *C. Biturigum.*
PL. UNIQUE. *Macrauchenia patachonica.*

MAMMIFÈRES. — *RONGEURS.*

G. CAVIA, HYSTRIX, CASTOR, SCIURUS, ARCTOMYS, CAPROMYS ET MYOPOTAMUS.

PL. I. Squelette du *Cavia (Hydrochærus) capybara.*
II. Têtes du *C. Moco.*
— du *C. Cobaya.*
— du *C. (Anæma) Aperea.*
— du *C. Capybara.*
III. Squelette et membres de l'*Agouti.*
— du *Paca (Cælogenus).*
IV. Têtes et troncs du *Paca* de la Guyane.
— du *Paca* de la Colombie.
— de l'*Agouti.*
PL. I. Squelette de l'*Hystrix cristata.*
II. Têtes de l'*Hystrix cristata* d'Algérie, du Sénégal, de la Syrie, de la Cafrerie, du Bengale, d'Europe.
— de l'*H. Daubentonii.*
— de l'*H. Javanica.*
— de l'*H. fossilis.*
— de l'*H. Macroura.*
— de l'*H. Fasciculata.*
III. Squelette de l'*Hystrix prehensilis.*
Têtes de l'*H. Dorsata.*
— de l'*H. Insidiosa.*
— de l'*H. Prehensilis.*
PL. I. Squelette du *Castor fiber* (de France).
II. *Castores Fossiles, recentes.*
Têtes du *C. Fiber Europæus.*
— du *C. Fiber Canadensis.*
— du *C. Fiber (fossilis).*
— du *Palæomys castoroïdes*, Kaup.
— du *Chalicomys Jägeri*, Kaup.
— du *Chelopus typus*, Kaup.
— du *Trogontherium*, Owen.
PL. I. Squelettes du *Sciurus vulgaris.*
— du *S. Anomalurus Pellii.*
Tête du *Sciurus maximus.*
II. Squelettes du *Pteromys Petaurista.*
— du *Myoxus Glis.*
— du *M. Nitela.*
Têtes du *Graphiurus Capensis.*
— du *Myoxus Nitela.*
— du *Myoxus Glis.*
— du *Sciurus Erythropus.*
— du *Sciurus æstuans.*
— du *Sciurus Hudsonius.*
— du *Sciuropterus volucella.*
PL. UNIQUE. Squelette de l'*Arctomys marmotta.*
Têtes de l'*A. citillus foss.* (Allemagne).
— de l'*A. superciliosus* (Allem.)
— de l'*A. citillus* (Montmorency).
— de l'*A.* de Buschweiler.
— de l'*A. primogenia.*
— de l'*A. Marmotta.*
Tronc et membres de l'*A. citillus.*
— de l'*A. Marmotta.*
PL. UNIQUE. Têtes du *Capromys Fournieri.*
— du *Plagiodontia ædium.*
PL. UNIQUE. — du *Myopotamus coypus.*

MAMMIFÈRES. — *ÉDENTÉS.*

G. MEGATHERIUM, GLYPTODON, MYRMECOPHAGA, TOXODON, ELASMOTHERIUM ET MACROTHERIUM.

PL. I. Têtes et systèmes dentaires de diverses espèces de *Megatherium, Mylodon, Scelidotherium.*
II. Parties caractéristiques du tronc, *Megatherium, Mylodon, Scelidotherium.*
III. Parties caractéristiques des membres antérieurs, *Megatherium, Megalonyx, Mylodon, Scelidotherium.*
IV. Parties caractéristiques des membres postérieurs, *Megatherium, Megalonyx, Mylodon, Scelidotherium.*
PL. I. Squelette, queues et portions de carapace du *Glyptodon.*
II. Têtes et parties caractéristiques de la tête, du tronc et des membres du *Glyptodon.*
PL. UNIQUE. Squelettes du *Myrmecophaga tamandua.*
— du *M. Didactyla.*
PL. UNIQUE. Têtes et parties caractéristiques du *Toxodon.*
PL. UNIQUE. Mandibules de l'*Elasmotherium*, Fischer, et crâne du *Stereoceros typus vel Galli, Duvernoy.*
PL. UNIQUE. *Macrotherium*, Lartet.

REPTILES. — *ÉMYDOSAURIENS.*

G. CROCODILUS, avec 7 planches.

PL. I. Squelette du *C. bipocartus.*
II. Têtes du *C. Schlegelii.*
— du *C. longirostris.*
— du *C. vulgaris.*
— du *C. Lucius.*
III. Parties caractéristiques du tronc.
— du *C. biporcatus.*
— du *C. Sclerops.*
— du *C. longirostris.*
IV. Parties caractéristiques des membres antérieurs et postérieurs.
— du *C. biporcatus.*
— du *C. Sclerops.*
— du *C. longirostris.*
V. Système dentaire du *C. Lucius.*
— du *C. biporcatus.*
— du *C. Rhombifer.*
— du *C. Schlegelii.*
— du *C. longirostris.*
— du *C. Vulgaris.*
— du *G. Sclerops.*
VI. *Crocodiles fossiles.*
— *C. Depressifrons.*
— *C. (Teleosorus) Cadomensis.*
— *C. Temporalis.*
— *C. Macrorhynchus.*
VII. *Nothosaurus* ou *Cymosaurus* du muschelkalk de Lunéville.
Pistosaurus longævus.
Nothosaurus mirabilis, par MM. Devilliers et Puzos.
Dracosaurus Bronnii.

PL. DOUBLE. Signification des os du crâne des *Ostéozoaires.*

Bos Taurus.	*Python Javanicus.*
Anas boschas	*Rana pipiens.*
Testudo Mydas.	*Acipenser sturio.*
Crocodilus biporcatus.	*Raia clavata.*

FIN DE LA TABLE DES PLANCHES CONTENUES DANS LE QUATRIÈME ET DERNIER VOLUME DE L'OSTÉOGRAPHIE.

Paris. — Imprimé par E. Thunot et Cᵉ, 26, rue Racine.

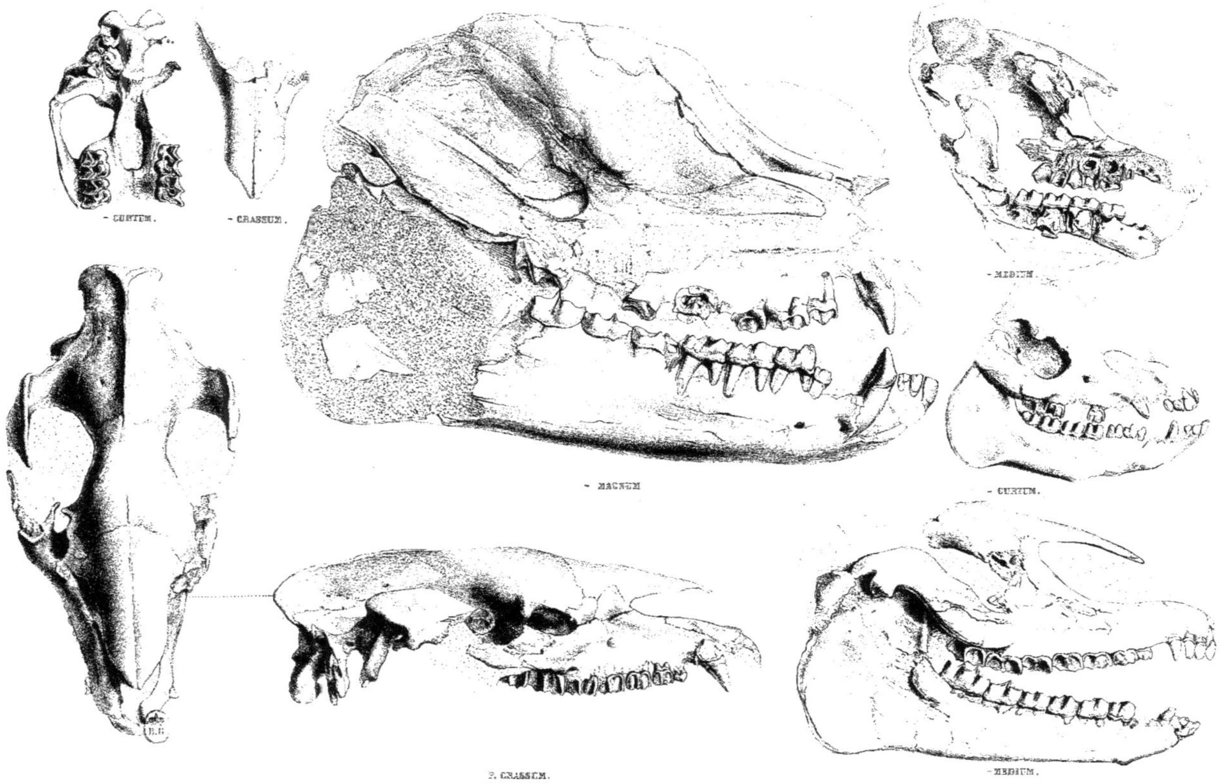

- CURTUM. - CRASSUM.

- MAGNUM

- MEDIUM.

- CURTUM.

P. CRASSUM.

- MEDIUM.

TÊTES. $\frac{1}{2}$.

(des Plâtrières de Paris.)

Werner et Delahaye del. Lith. de Becquet

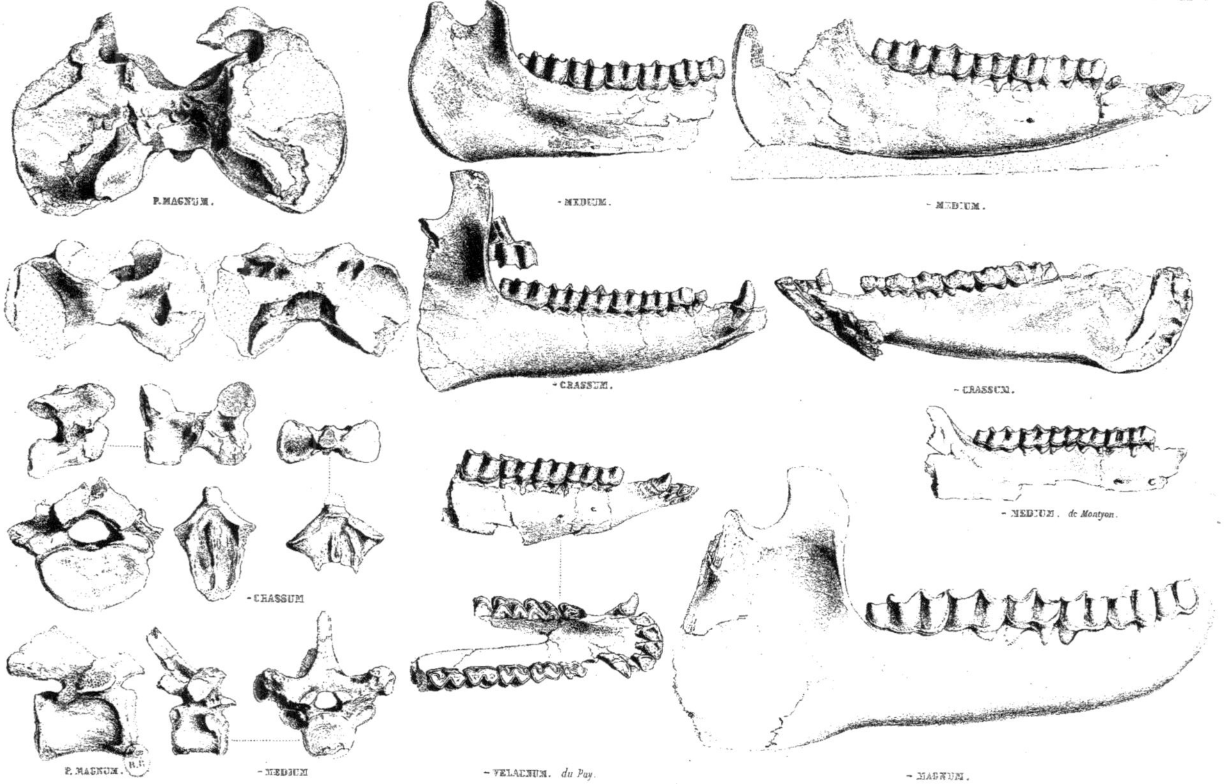

MÂCHOIRES INFÉRIEURES ET VERTÈBRES ½
(des Platrières de Paris.)

Werner et Delahaye del.

Lith. de Becquet

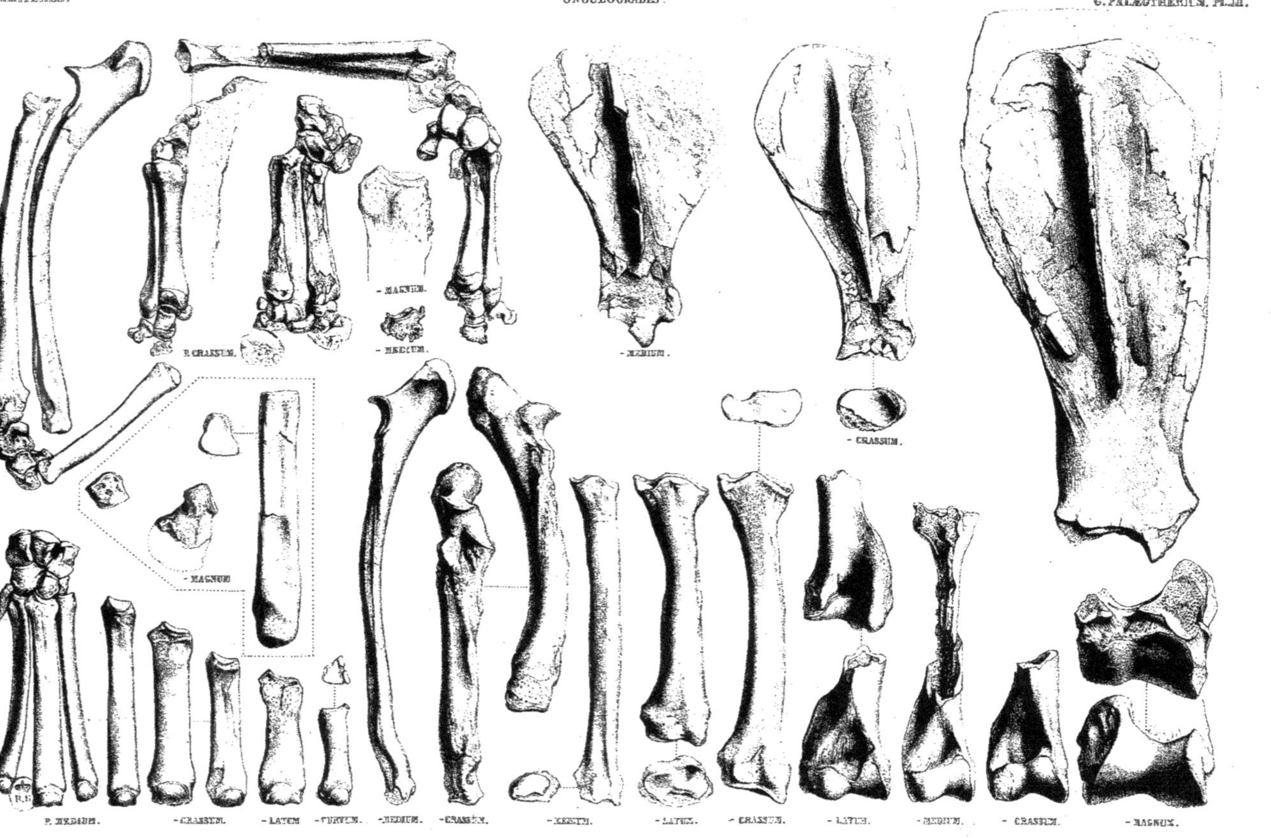

MEMBRES ANTÉRIEURS, $\frac{1}{2}$
(des Plâtrières de Paris.)

Werner et Delahaye del. Lith. de Becquet

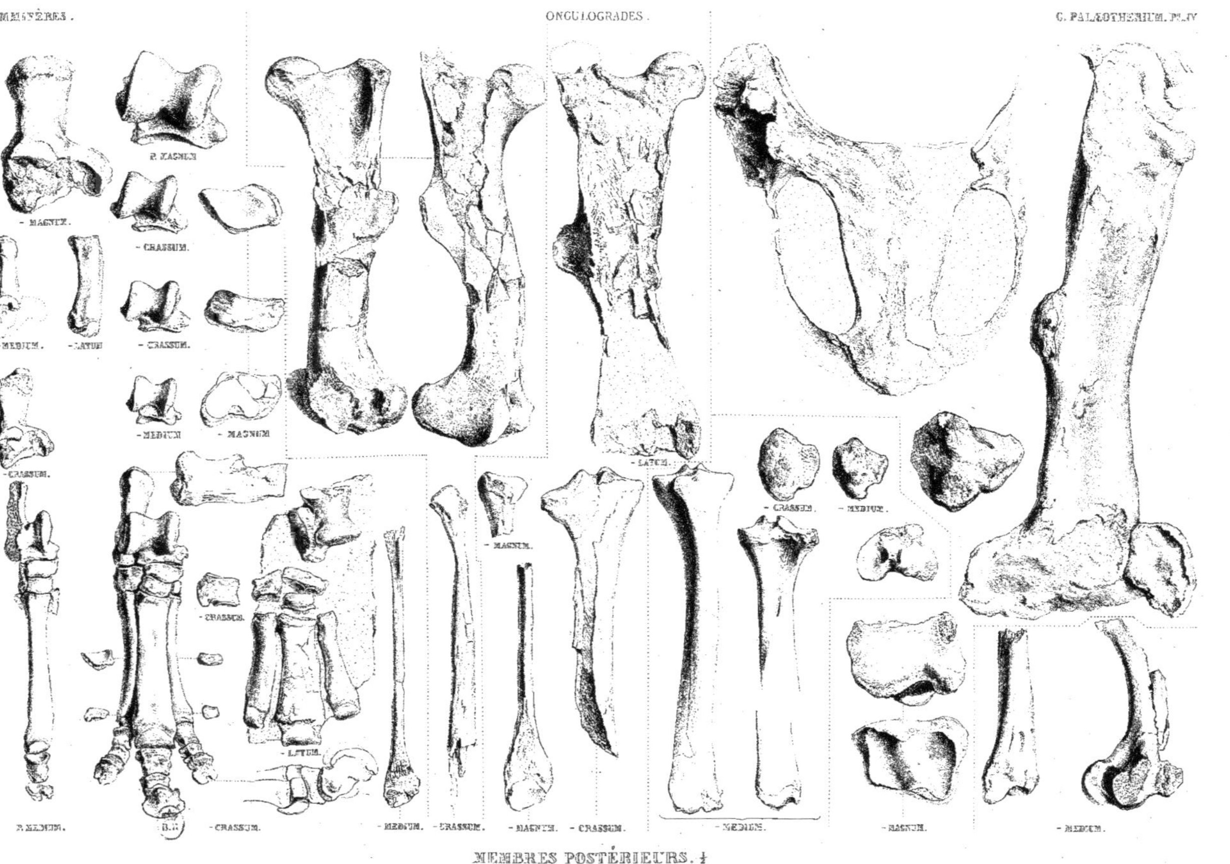

MEMBRES POSTÉRIEURS. ½

(des Plâtrières de Paris.)

Werner et Delahaye del. Lith. de Becquet.

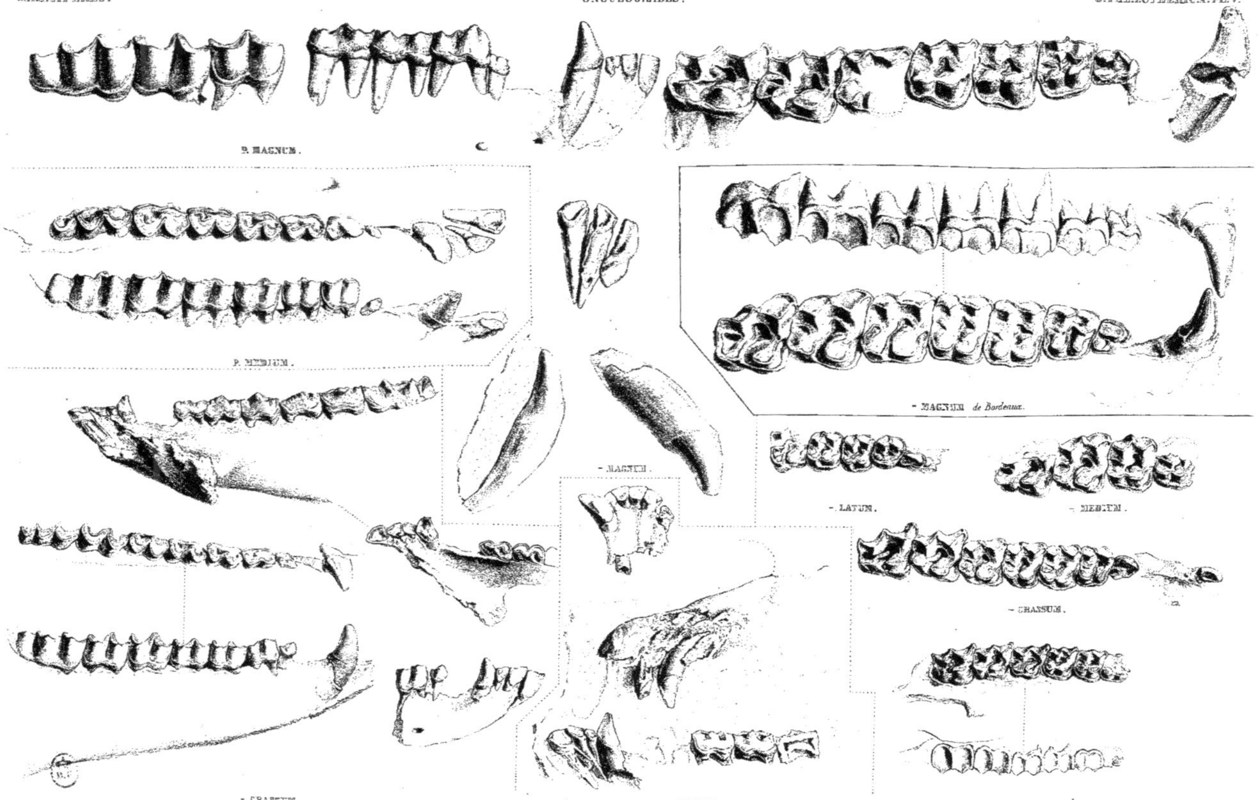

P. MAGNUM.

P. MEDIUM.

- MAGNUM de Bordeaux.

- MAGNUM.

- LATUM.

- MEDIUM.

- CRASSUM.

- CRASSUM.

- MEDIUM.

- CURTUM.

SYSTÈME DENTAIRE. $\frac{2}{3}$
(des Plâtrières de Paris.)

Werner et Delahaye del.

Lith. de Becquet.

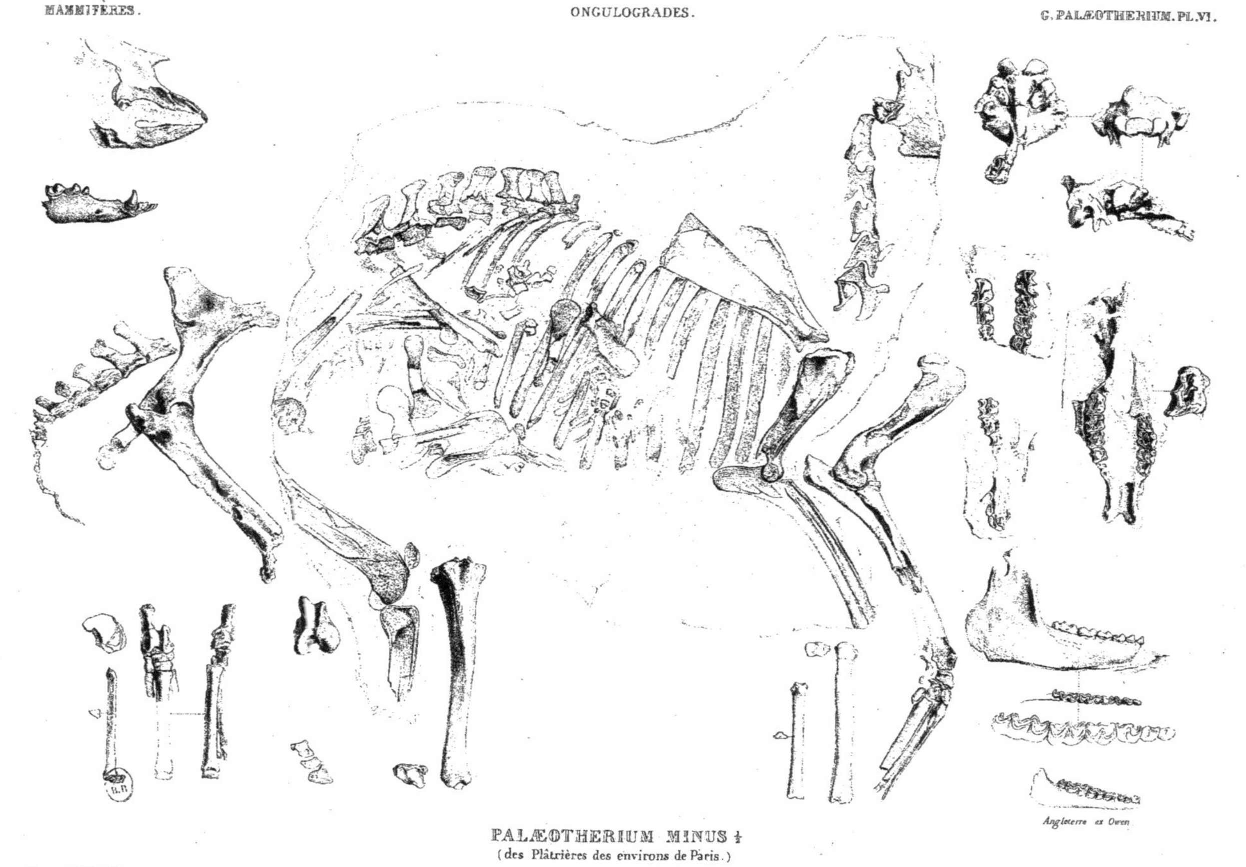

PALÆOTHERIUM MINUS ¼
(des Plâtrières des environs de Paris.)

Werner et Delahaye del.

Lith. de Becquet.

de Sansans (Gers) — de l'Orléanais — du Gard — de Montpellier

PALÆOTHERIUM HIPPOÏDES. $\frac{1}{2}$

Werner et Delahaye del. — Lith. de Becquet.

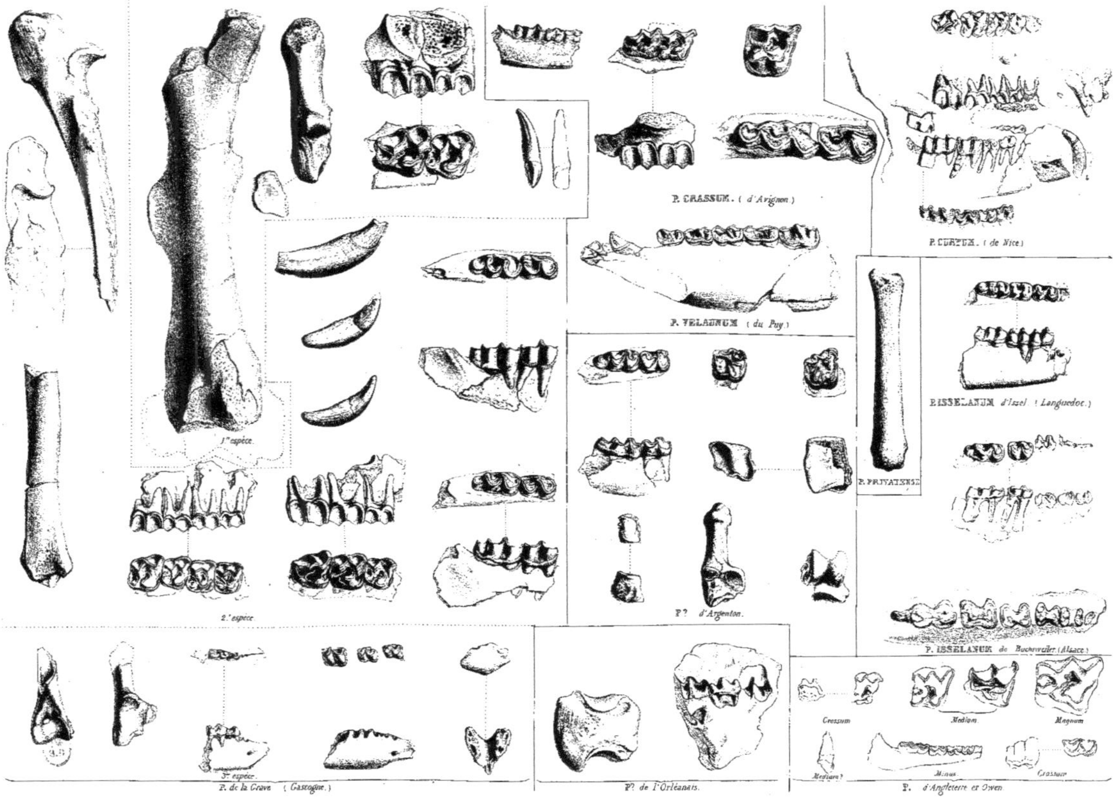

OSSEMENTS DE DIVERSES LOCALITÉS. $\frac{1}{2}$

Werner et Delahaye del.

Lith. de Becquet.

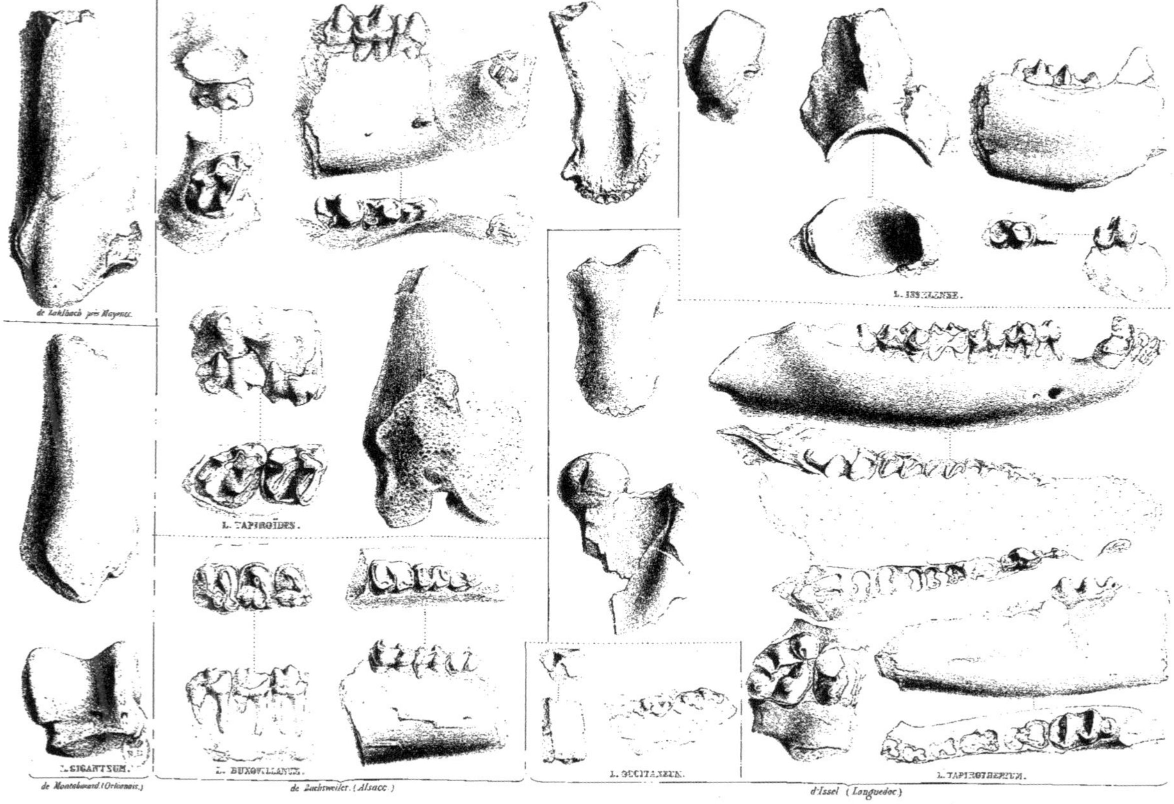

de Lohlbach près Mayence.

L. TAPIROÏDES.

L. ISSELENSE.

L. GIGANTEUM.

de Montabuzard (Orléanais.)

L. BUXOVILLANUM.

de Buchsweiler. (Alsace)

L. OCCITANICUM.

L. TAPIROTHERIUM.

d'Issel (Languedoc)

LOPHIODON DE DIVERSES ESPÈCES ½.

Werner et Delahaye del.

Lith. de Becquet.

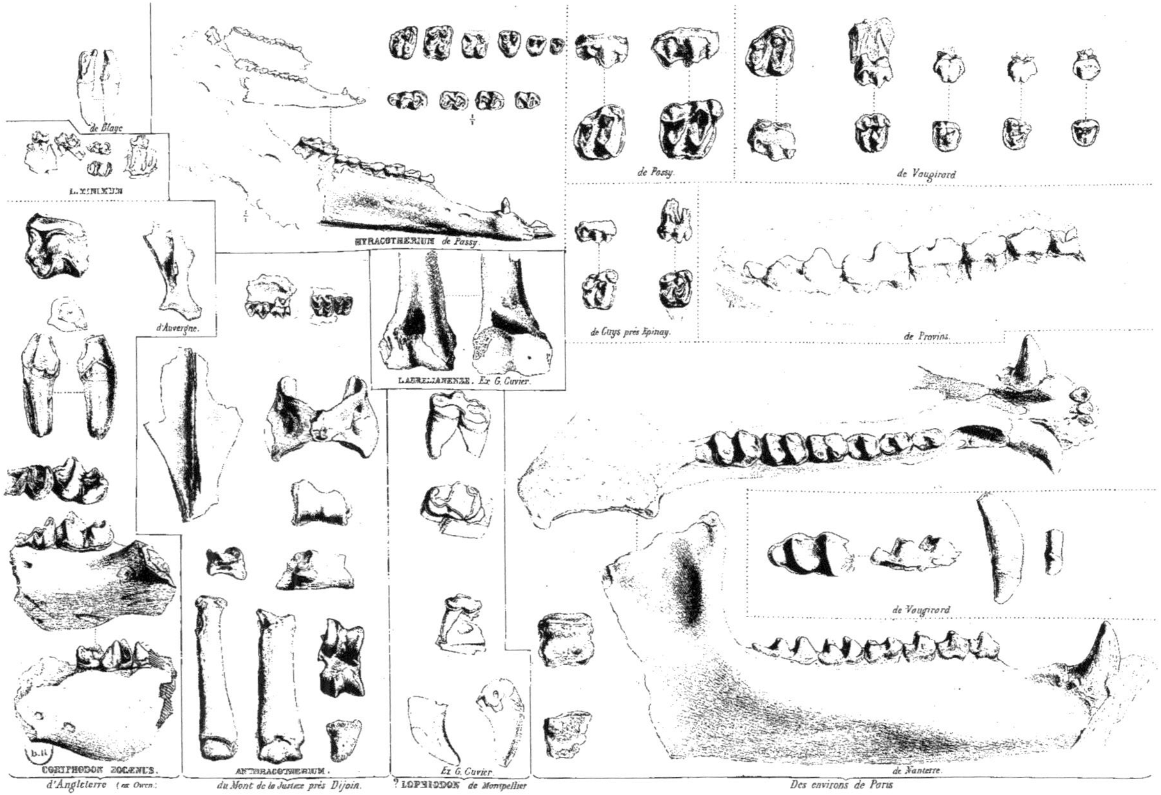

de Blaye
L. MINIMUM
HYRACOTHERIUM de Passy.
$\frac{1}{1}$
de Passy.
de Vaugirard
de Cuys près Epinay.
de Provins.
d'Auvergne.
L. ARELIANENSE. Ex G. Cuvier.
de Vaugirard
CORYPHODON EOCÆNUS.
d'Angleterre (ex Owen).
ANTHRACOTHERIUM.
du Mont de la Justice près Dijon.
Ex G. Cuvier.
? LOPHIODON de Montpellier
de Nanterre.
Des environs de Paris

Werner et Delahaye del.

LOPHIODON DE DIVERSES LOCALITÉS $\frac{1}{2}$

Lith. de Becquet

MAMMIFÈRES. ONGULOGRADES. G. LOPHIODON, Pl. III.

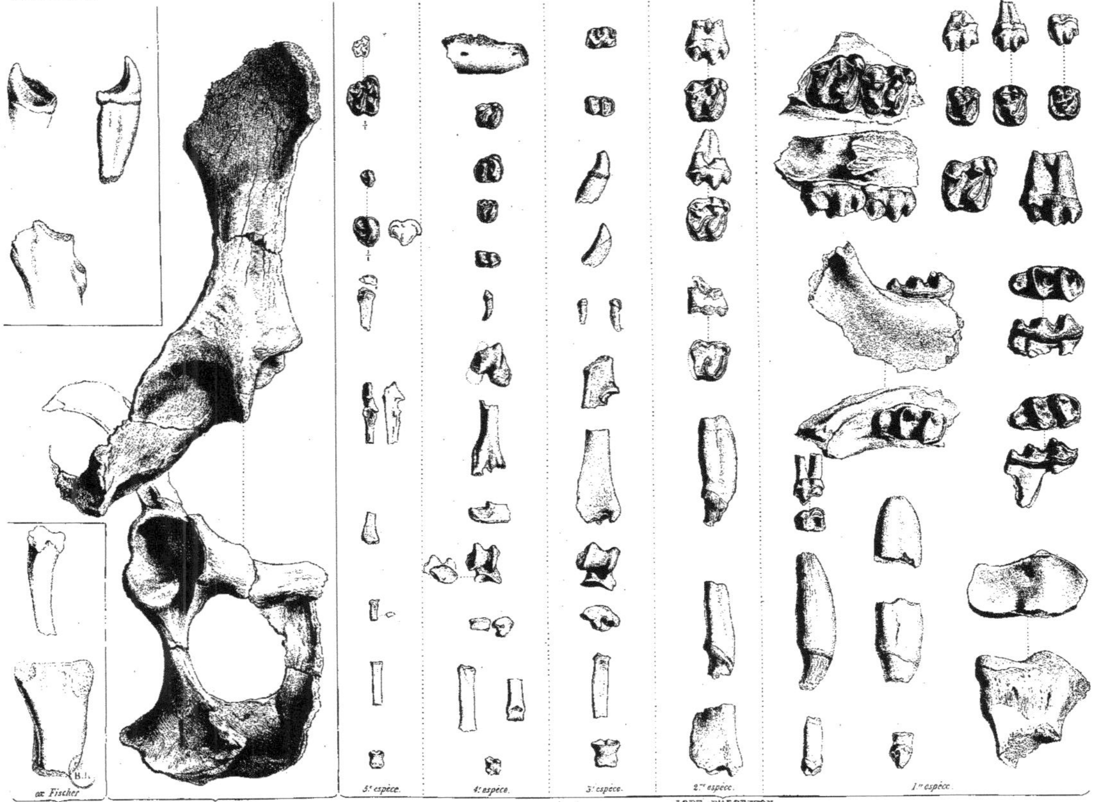

ex Fischer

5e espèce. 4e espèce. 3e espèce. 2me espèce. 1re espèce.

LOPH. SIBIRICUM. ? LOPH. DU VAL D'ARNO LOPH. D'ARGENTON.

LOPHIODON DE DIVERSES LOCALITÉS ½.

Werner et Delahaye del. Lith. de Becquet

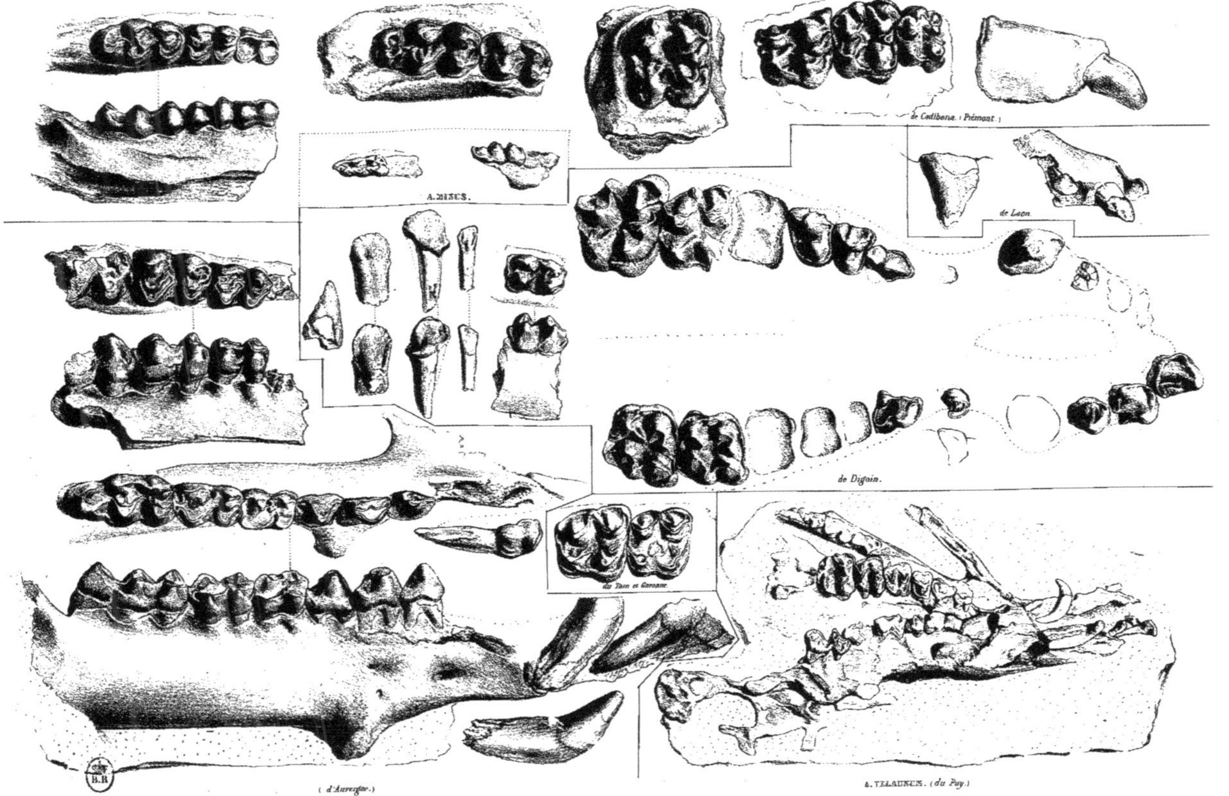

A. MAGNUM. SYSTÈME DENTAIRE. ½

Werner et Delahaye del. Lith. de Becquet.

ANTHRACOTHERIUM MAGNUM. $\frac{1}{4}$.

Werner et Delahaye del.

Lith. de Becquet.

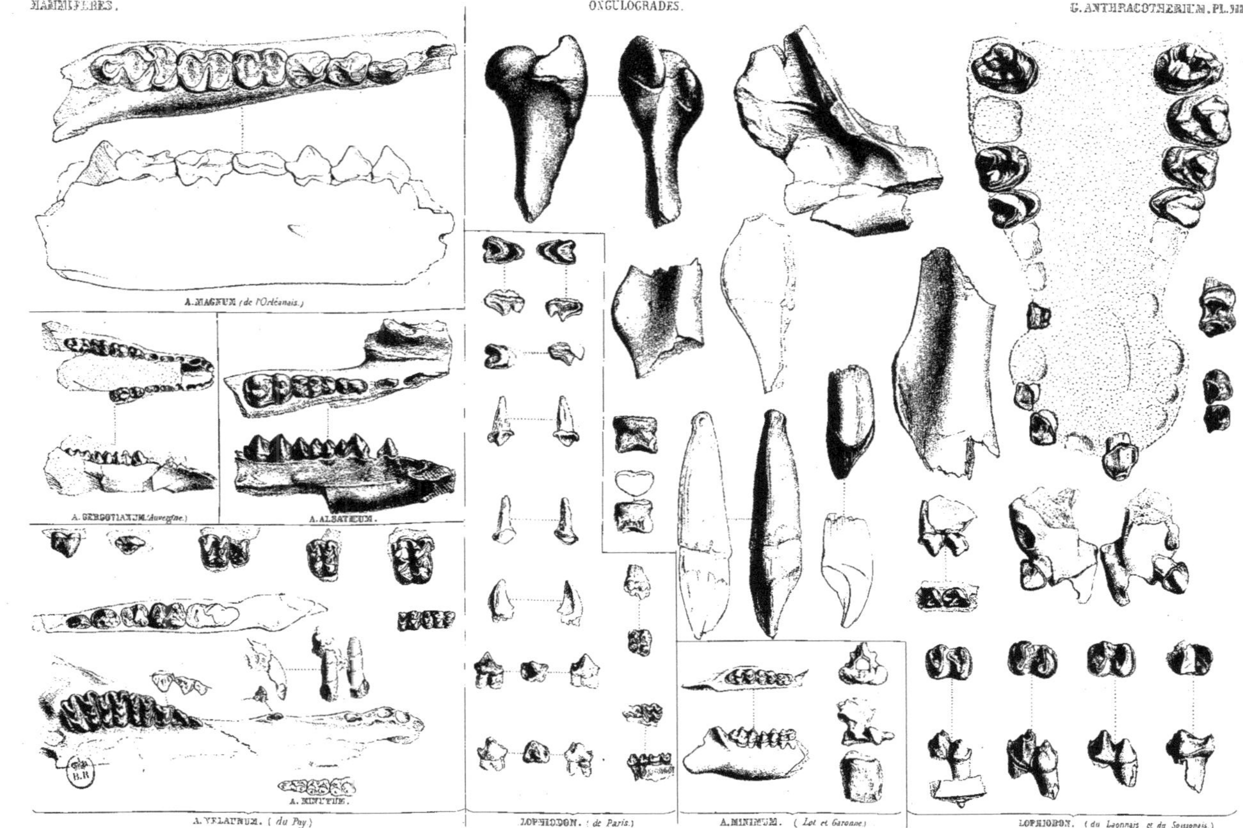

OSSEMENTS DE DIVERSES LOCALITÉS. ½.

Werner et Delahaye del. Lith. de Becquet.

CHŒROPOTAMUS ? de l'Orléanais.

CHŒROPOTAMUS PARISIENSIS

CHŒROPOTAMUS ? d'Angleterre, ex Owen.

d'Angleterre.

de Simorre (Gers.)

CHŒROPOTAMUS. ½

HYRACOTHERIUM ½

TAPIROTHERIUM ½

Werner et Delahaye del.

Lith. de Becquet.

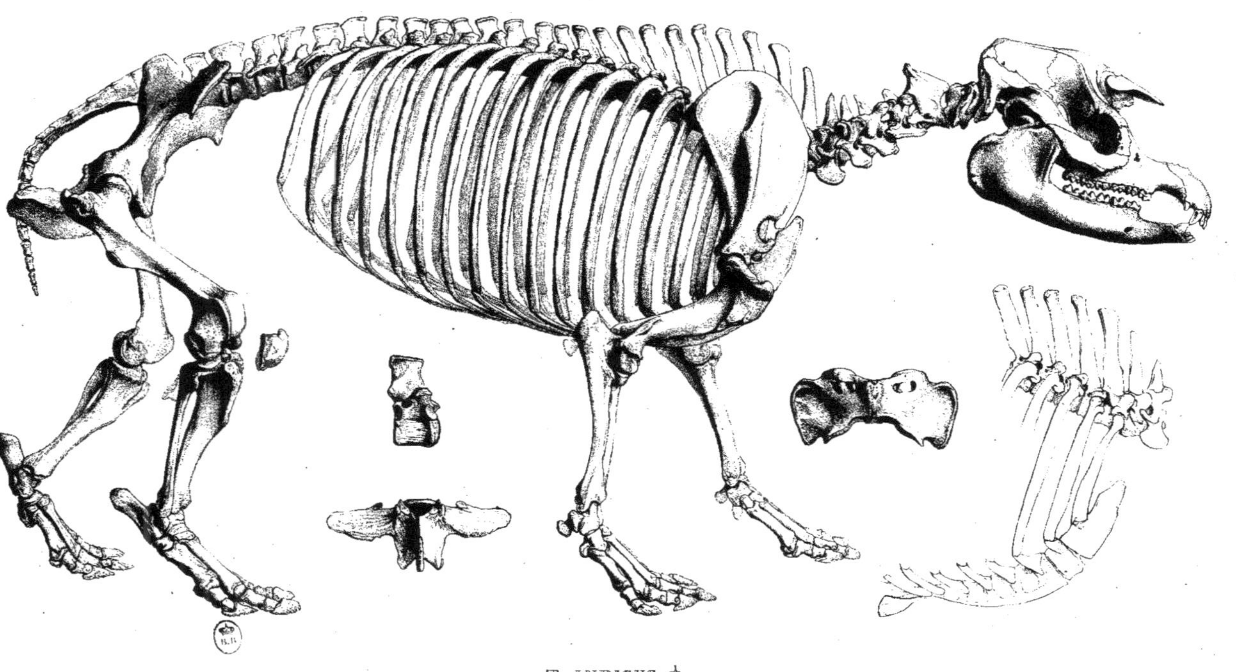

T. INDICUS $\frac{1}{5}$

Werner et Delahaye del.

Lith. de Becquet.

T. INDICUS. $\frac{1}{3}$

Werner et Delahaye del. Lith. de Becquet.

T. AMERICANUS

T. PINCHACUS

$\frac{1}{5}$

Werner et Delahaye del.

Lith. de Becquet

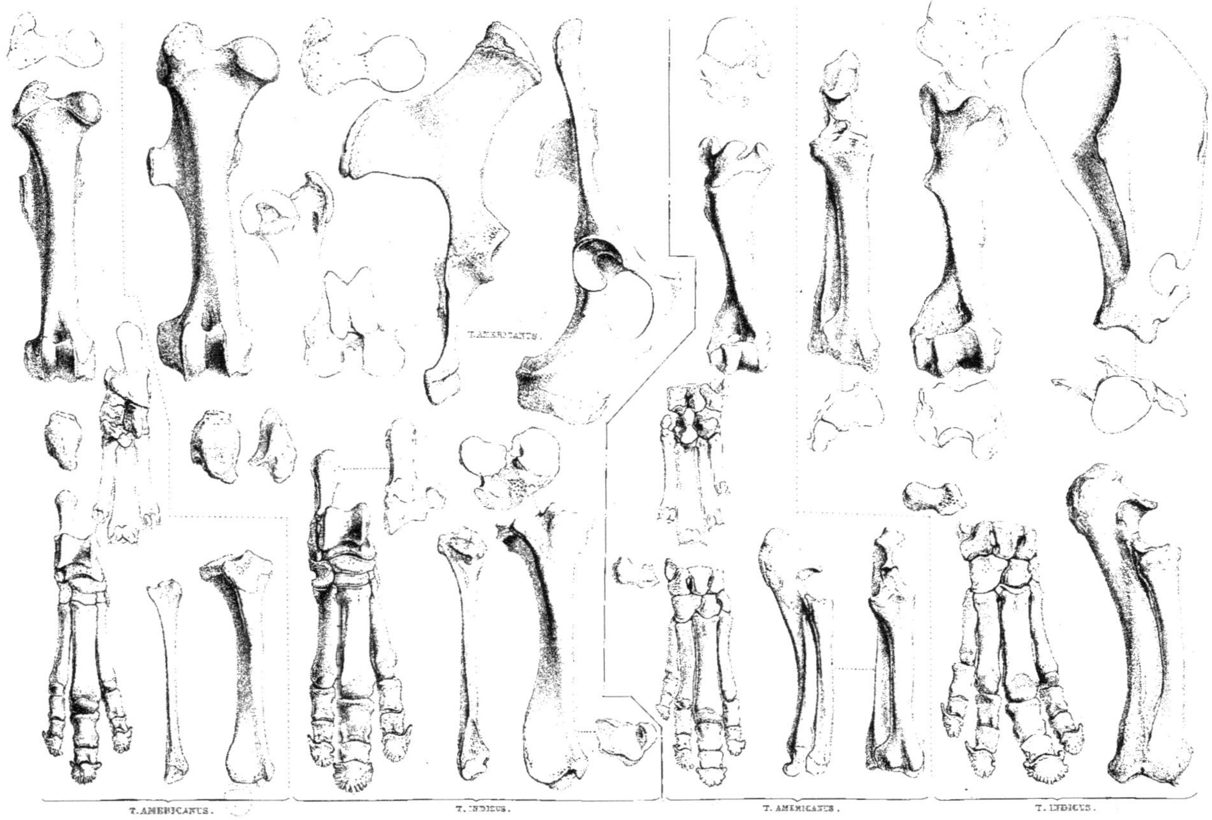

T. AMERICANUS.

T. AMERICANUS. T. INDICUS. T. AMERICANUS. T. INDICUS.

PARTIES CARACTÉRISTIQUES DES MEMBRES. ⅓

Werner et Delahaye del. Lith. de Bequet.

T. INDICUS.

T. PINCHACUS *juv.*

T. AMERICANUS

T. PINCHACUS.

T. FOSSILES

T. ARVERNENSIS

T. PRISCUS.

T. AMERICANUS *juv.*

T. AMERICANUS.

TAPIRS; SYSTÈME DENTAIRE. ½

Werner et Delahaye del.

Lith. de Bécquet

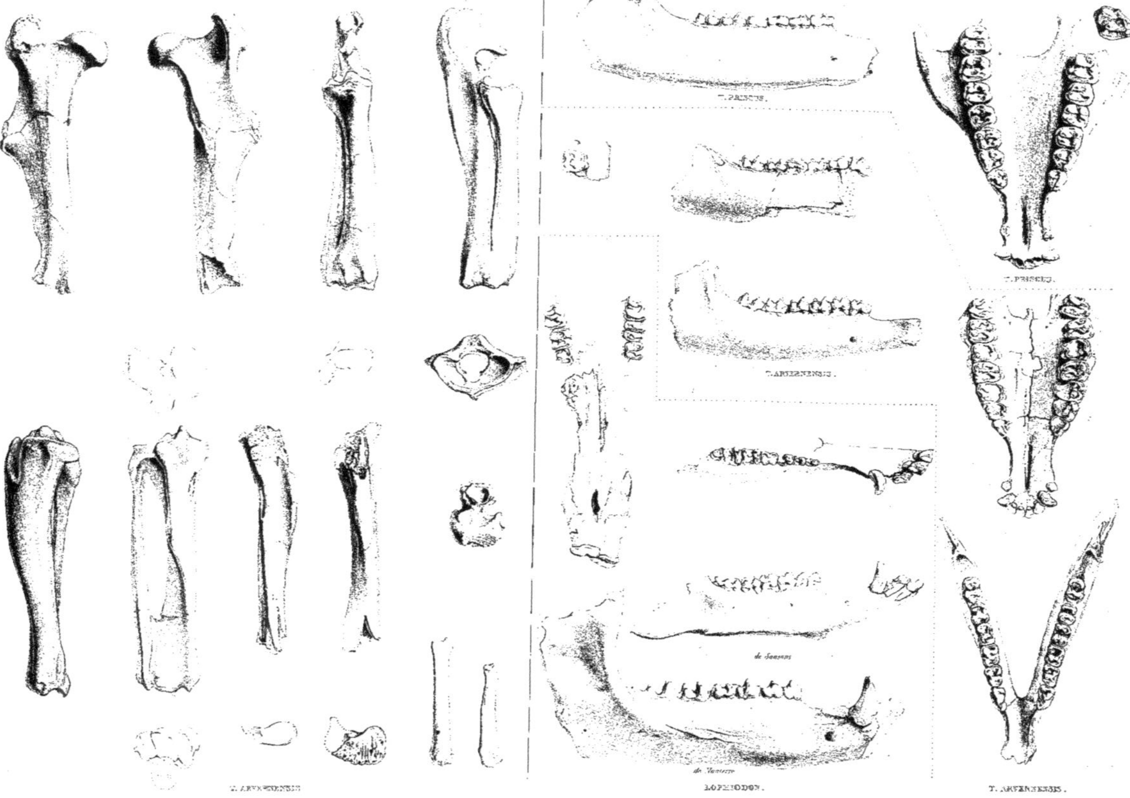

TAPIRI FOSSILES. ½

Werner et Delahaye del. — Lith. de Becquet

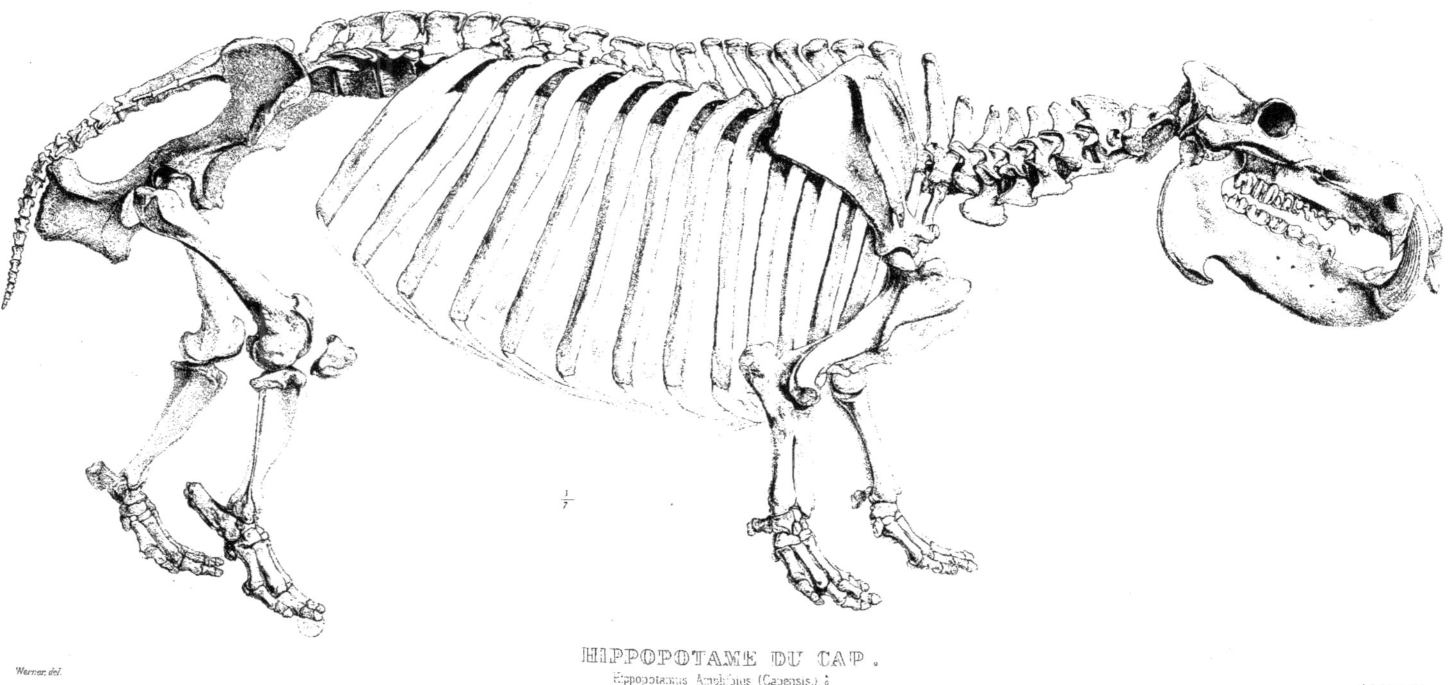

Werner, del.

HIPPOPOTAME DU CAP.

Hippopotamus Amphibius (Capensis.) ♂

Lith. de Becquet.

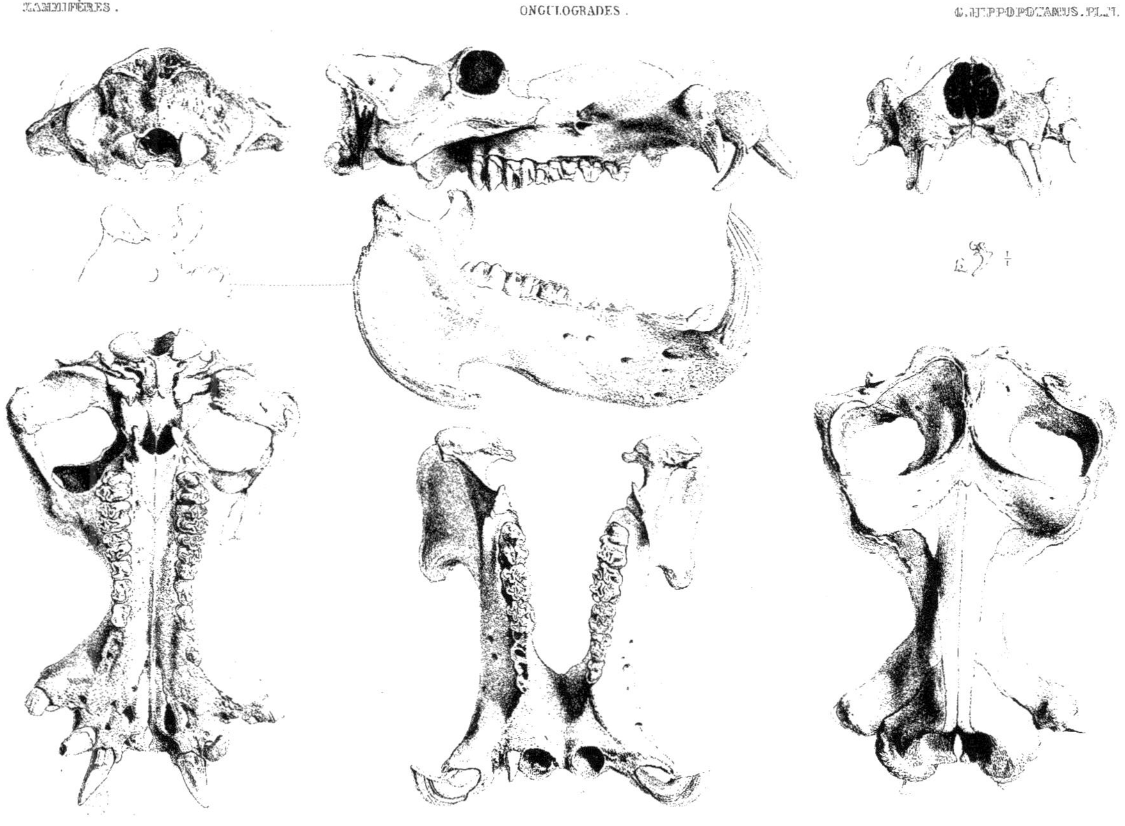

H. AMPHIBIUS (Cap) à 1/5

Werner, del. Lith. de Becquet

H. foss. du Val d'Arno.

H. du Sénégal ♂.

H. d'Égypte.

H. foss. du Val d'Arno.

H. du Sénégal ♂.

H. d'Égypte.

H. sivalensis foss. de l'Inde.

TÊTES DE L'AMPHIBIUS VIVANTS ET FOSSILES $\frac{1}{5}$.

Werner del. Lith. de Becquet

H. amphibius, foss. (Val d'Arno)

H. amphibius, foss. (Palermo)

H. amphibius, foss. (Val d'Arno)

H. amphibius, foss. (Val d'Arno)

H. amphibius. (Sénégal) ♂.

Werner, del.

PARTIES CARACTÉRISTIQUES DU TRONC $\frac{1}{4}$.

Lith. de Becquet.

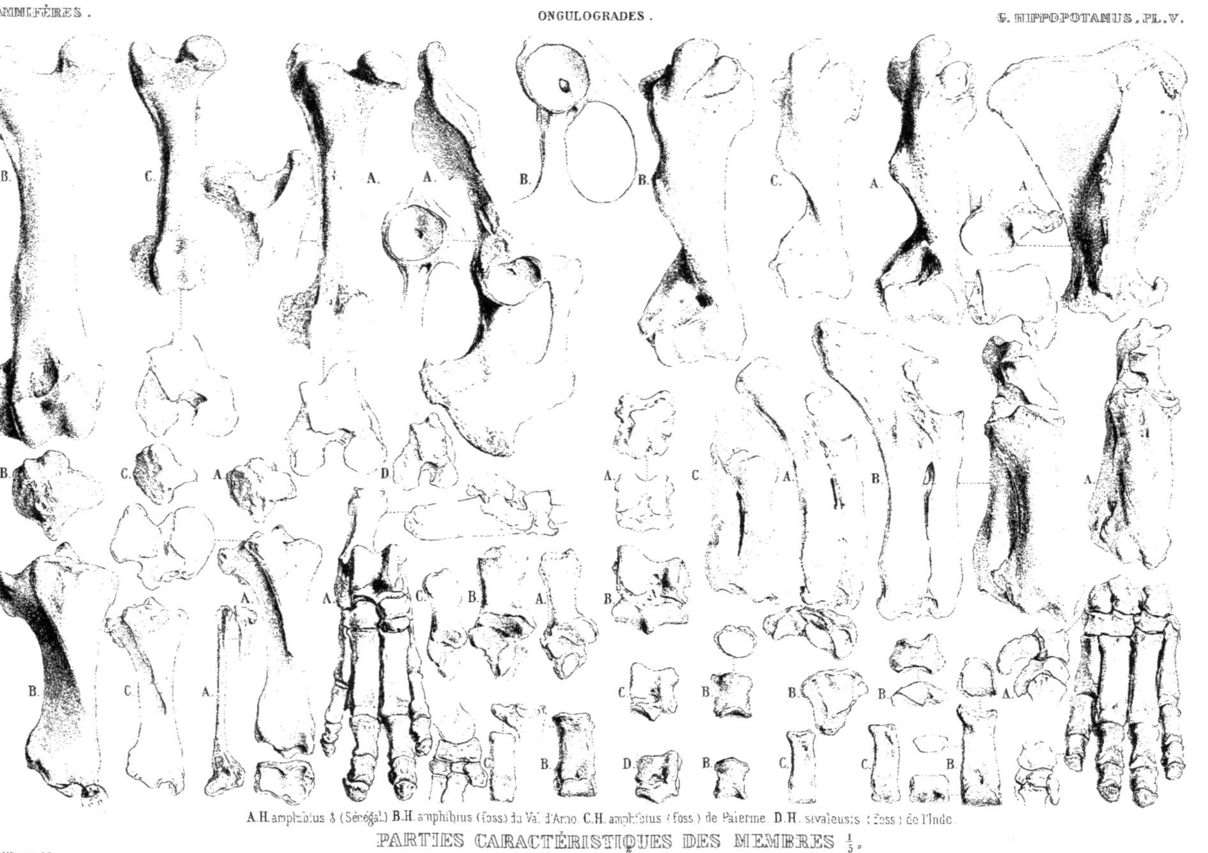

A. H. amphibius ♂ (Sénégal) B. H. amphibius (foss) du Val d'Arno. C. H. amphibius (foss) de Palerme. D. H. sivalensis (foss) de l'Inde.

PARTIES CARACTÉRISTIQUES DES MEMBRES $\frac{1}{5}$.

Werner, del. Lith. de Becquet.

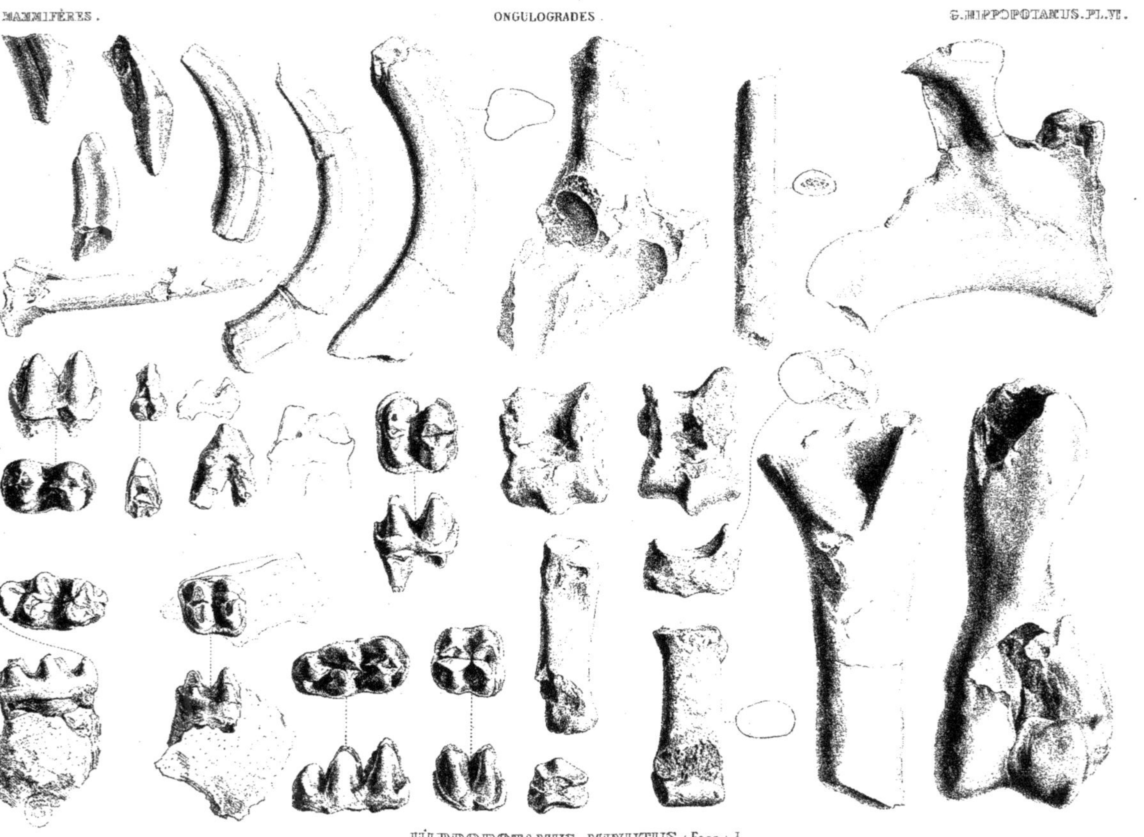

HIPPOPOTAMUS MINUTUS (Foss.) $\frac{1}{1}$

Werner, del. Lith. de Becquet.

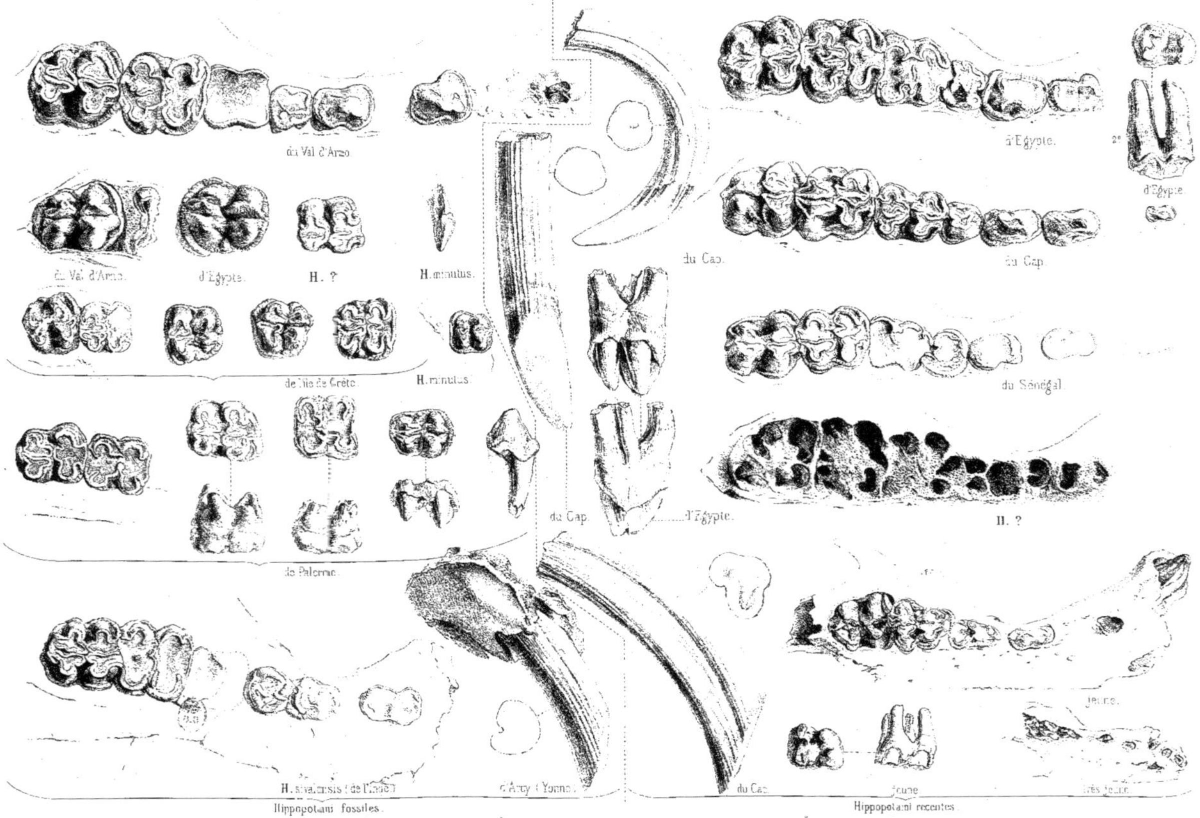

du Val d'Arno.

d'Égypte.

2e

d'Égypte.

du Val d'Arno.

d'Égypte.

H. ?

H. minutus.

du Cap.

du Cap.

de l'île de Crête.

H. minutus.

du Sénégal.

du Cap.

d'Égypte.

H. ?

de Palerme.

jeune.

H. sivalensis (de l'Inde).

d'Arcy (Yonne).

du Cap.

jeune.

très jeune.

Hippopotami fossiles.

Hippopotami recentes.

Werner del.

SYSTÈME DENTAIRE D'H. AMPHIBIUS, MACHOIRE SUPÉRIEURE $\frac{1}{2}$.

Lith. de Becquet.

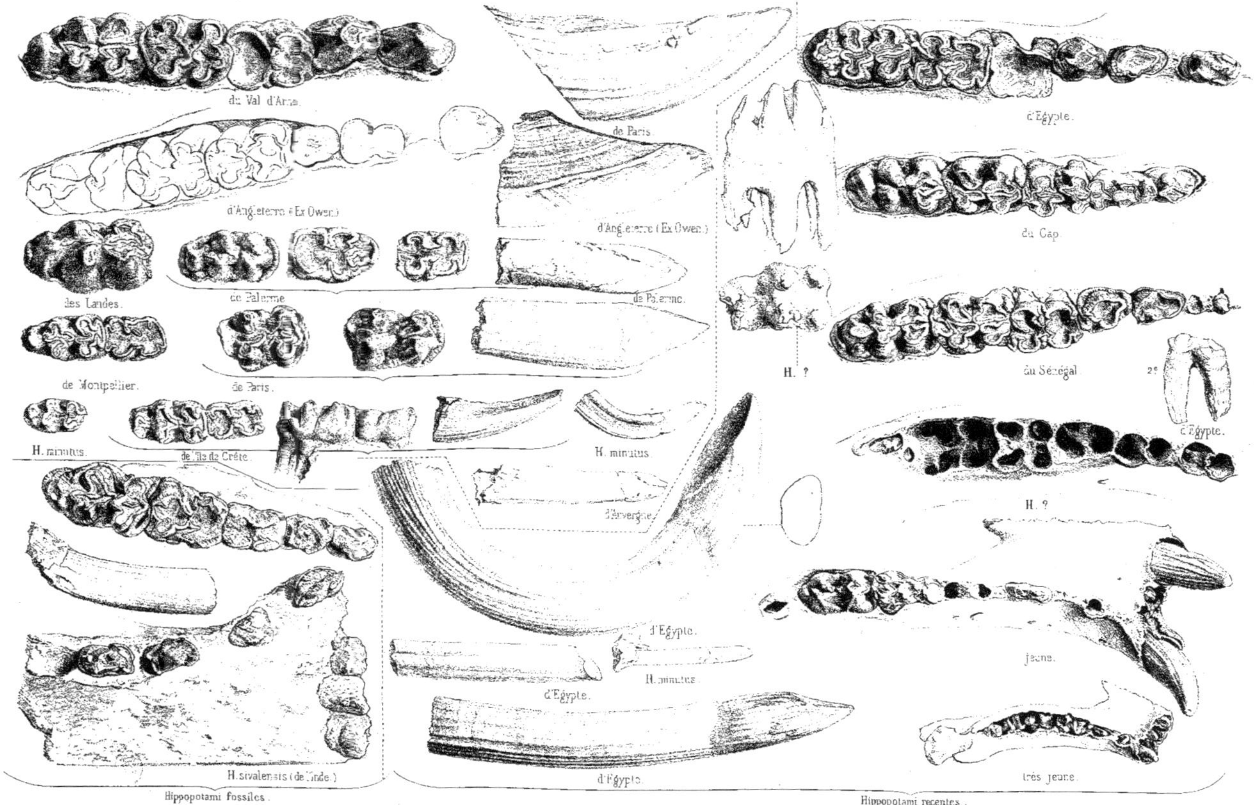

du Val d'Arno.

d'Angleterre (Ex Owen.)

des Landes.

de Palerme.

de Montpellier.

de Paris.

H. minutus.

de l'île de Crète.

de Paris.

d'Angleterre (Ex Owen.)

de Palerme.

H. minutus.

d'Auvergne.

d'Égypte.

H. minutus.

d'Égypte.

d'Égypte.

H. ?

d'Égypte.

du Cap.

du Sénégal.

2e

d'Égypte.

H. ?

jeune.

très jeune.

H. sivalensis (de l'Inde.)

Hippopotami fossiles.

Hippopotami recentes.

SYSTÈME DENTAIRE D'H. AMPHIBIUS. MACHOIRE INFÉRIEURE $\frac{1}{2}$.

Werner del.

Lith. de Becquet.

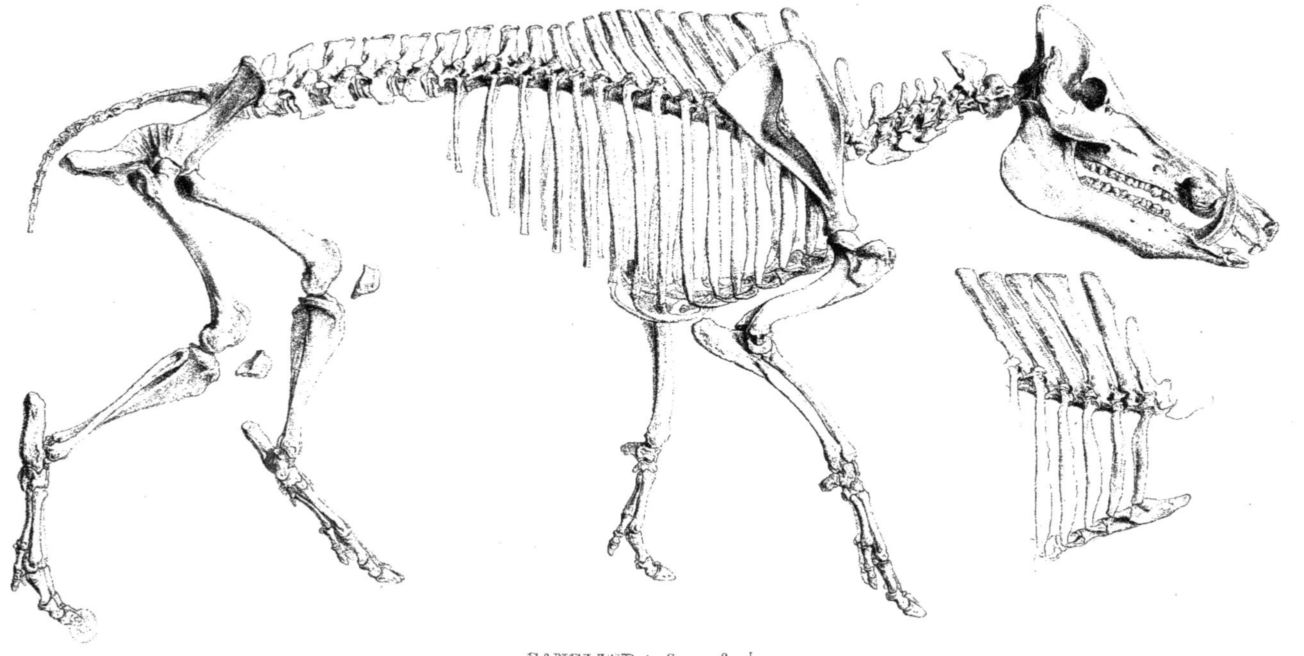

SANGLIER ♂. S. scrofa $\frac{1}{4}$.

Werner, del. Lith. de Becquet

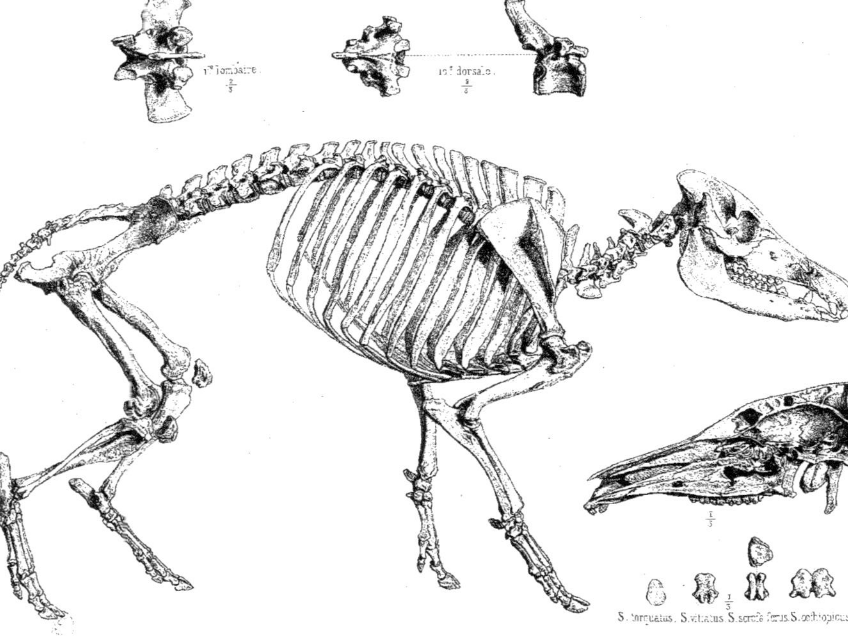

BABIROUSSA ♀ . Sus babirussa $\frac{1}{4}$.

Werner, del. Lith. de Becquet

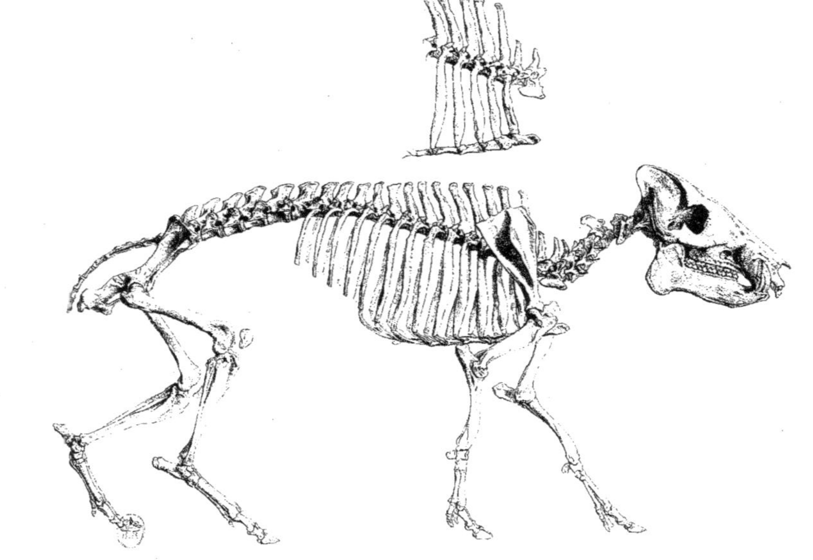

S. labiatus.

PÉCARI ♀. S. torquatus $\frac{1}{4}$.

Werner del. Lith. de Becquet

S. scrofa ferus ♂.

S. scrofa domesticus ♀.

S. scrofa domesticus (Patagonie) ♂.

S. scrofa ferus ♂ (Arrou).

S. scrofa ferus ♂.

S. SCROFA $\frac{1}{4}$.

Werner del.

Lith. de Becquet.

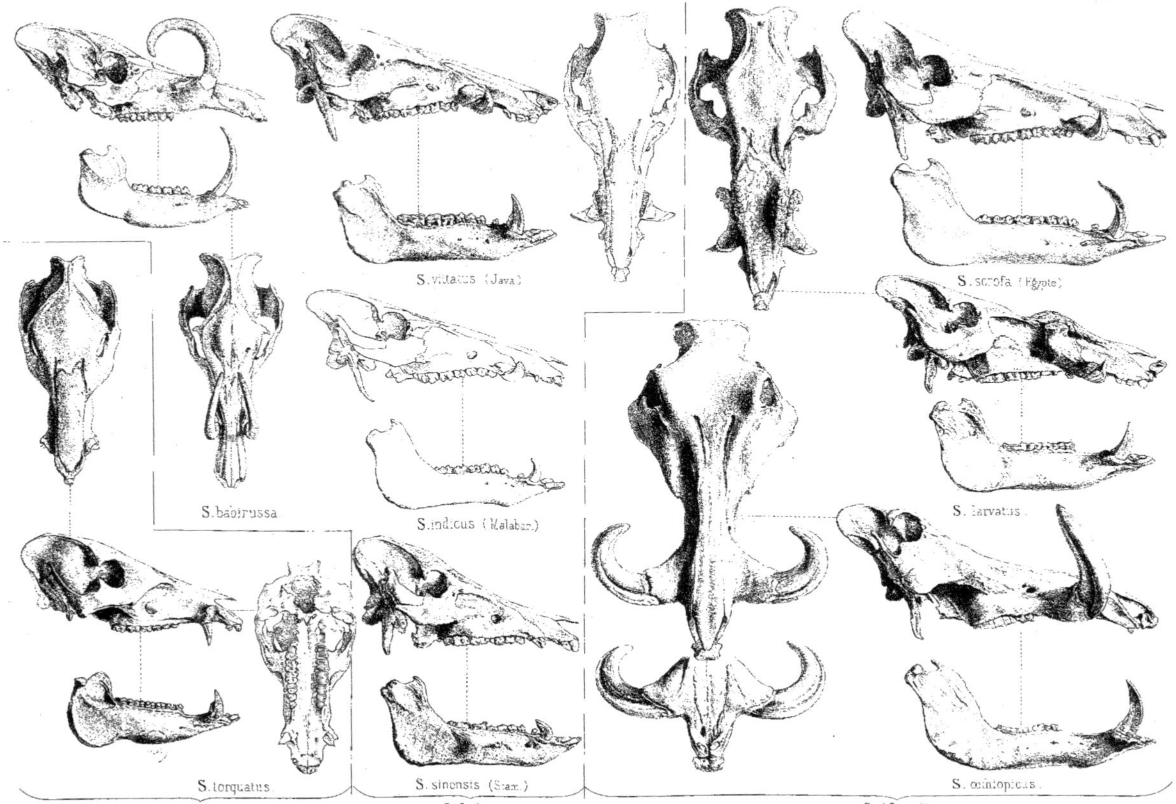

S. DE DIVERSES ESPÈCES $\frac{1}{4}$.

Werner, del. Lith. de Becquet

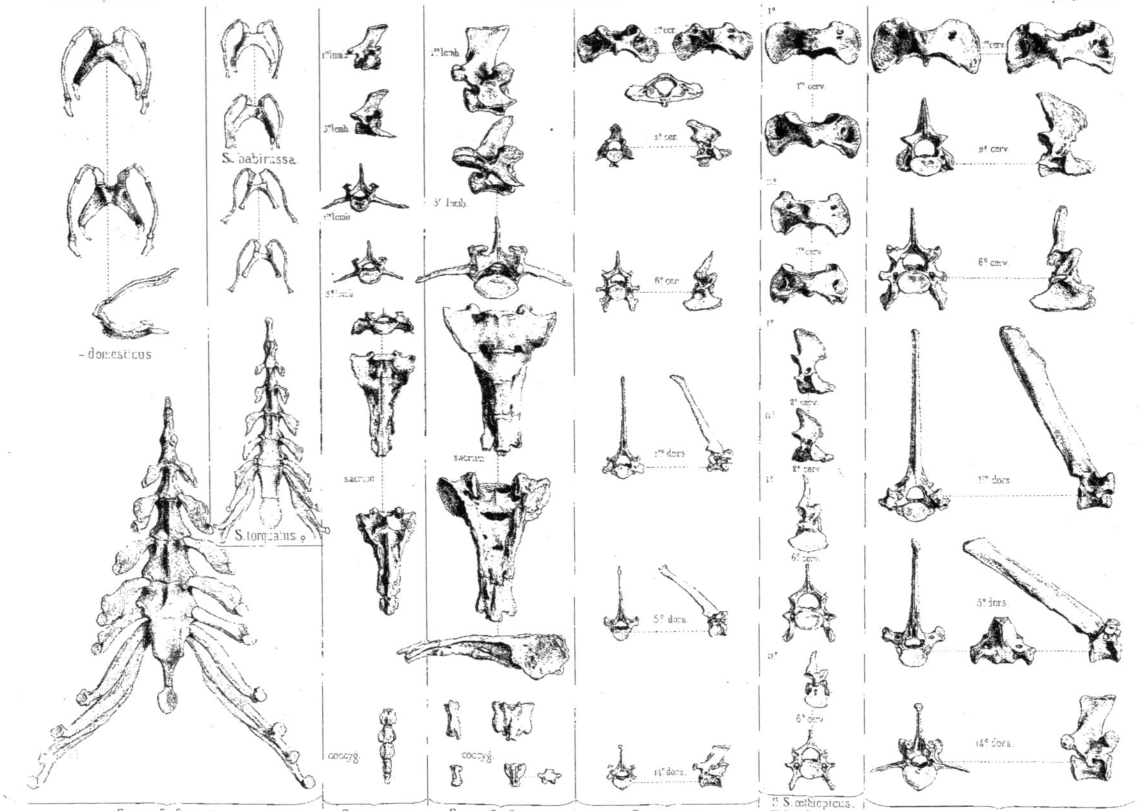
S. babirussa.
- domesticus.
S. torquatus ♀
sacrum
coccyg.
S. scrofa ferus ♂.
S. torquatus ♀.
S. scrofa ferus ♂.
S. torquatus ♀.
1° S. æthiopicus.
II° S. babirussa.
S. scrofa ferus ♂.

PARTIES CARACTÉRISTIQUES DU TRONC $\frac{1}{3}$.

Werner del. Lith. de Becquet.

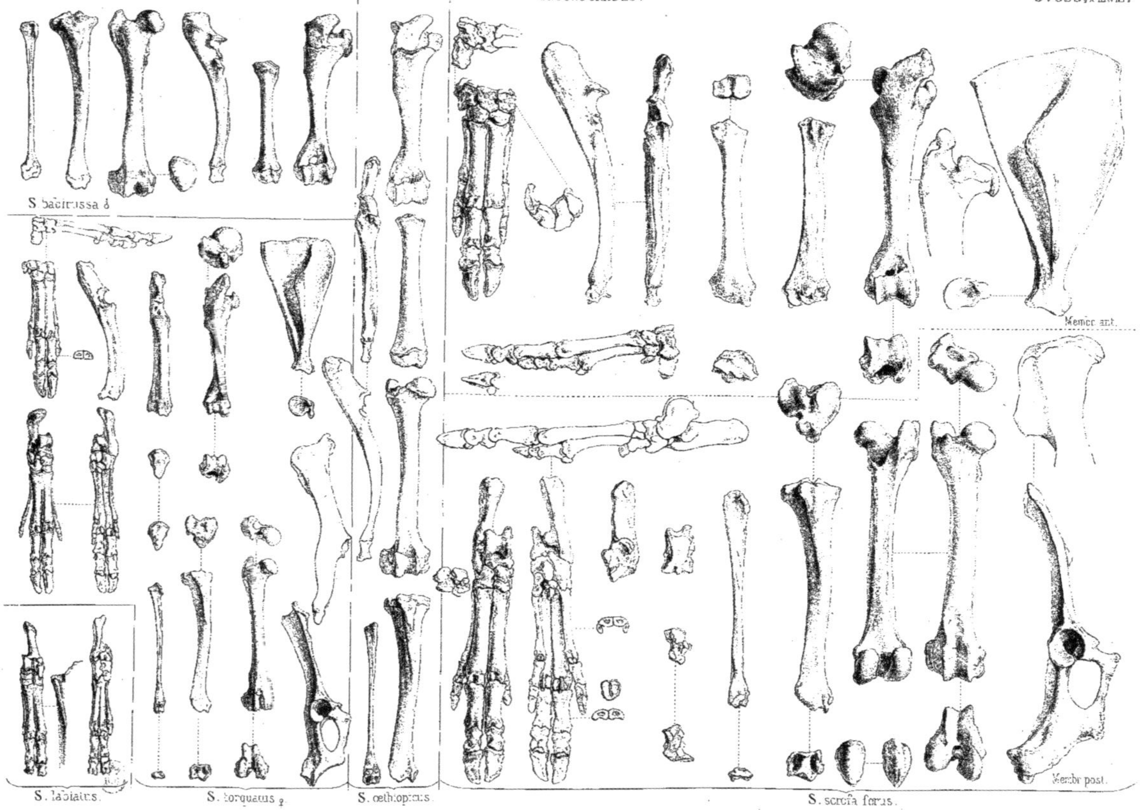

PARTIES CARACTÉRISTIQUES DES MEMBRES $\frac{1}{3}$.

Werner, del. Lith. de Becquet

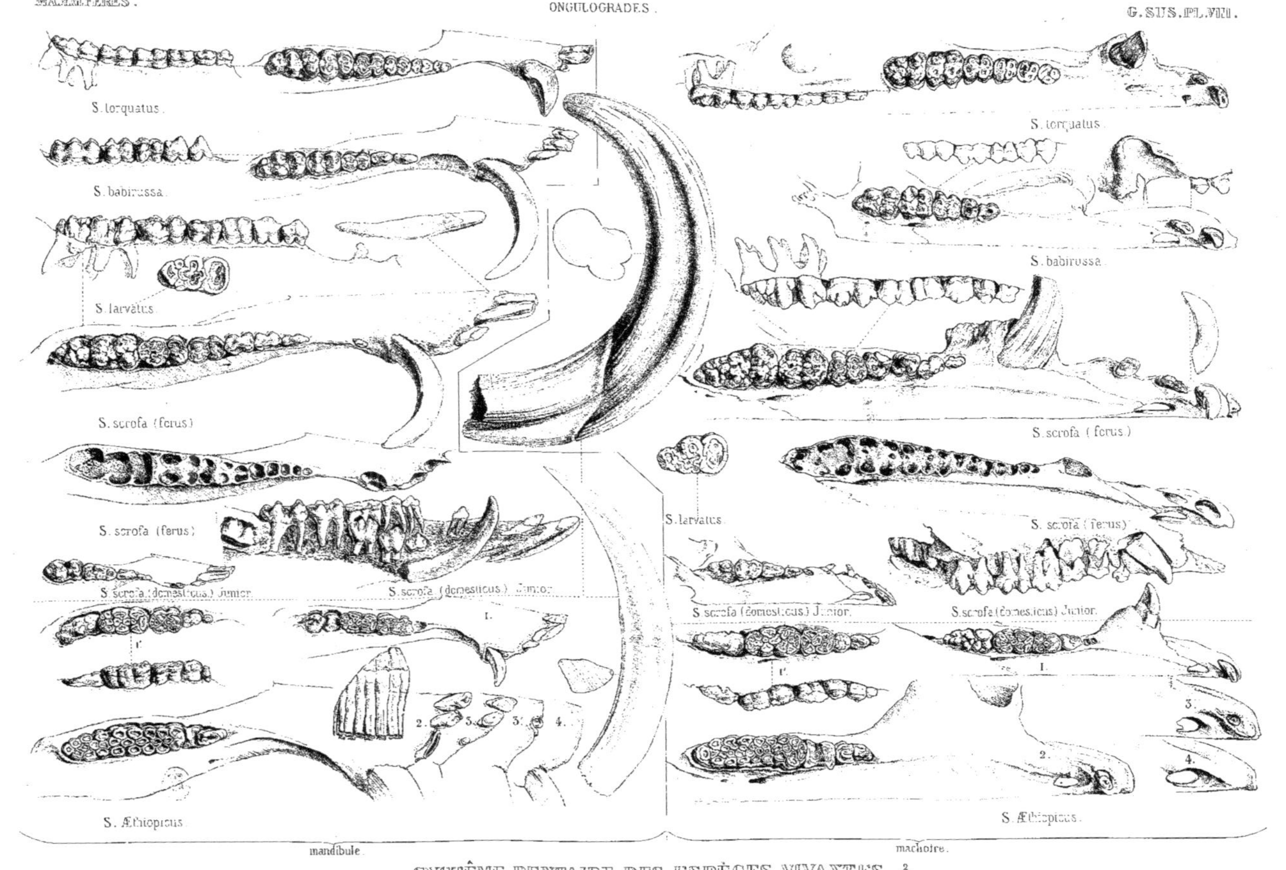

SYSTÈME DENTAIRE DES ESPÈCES VIVANTES. $\frac{2}{3}$.

Werner, del. Lith. de Becquet fr.

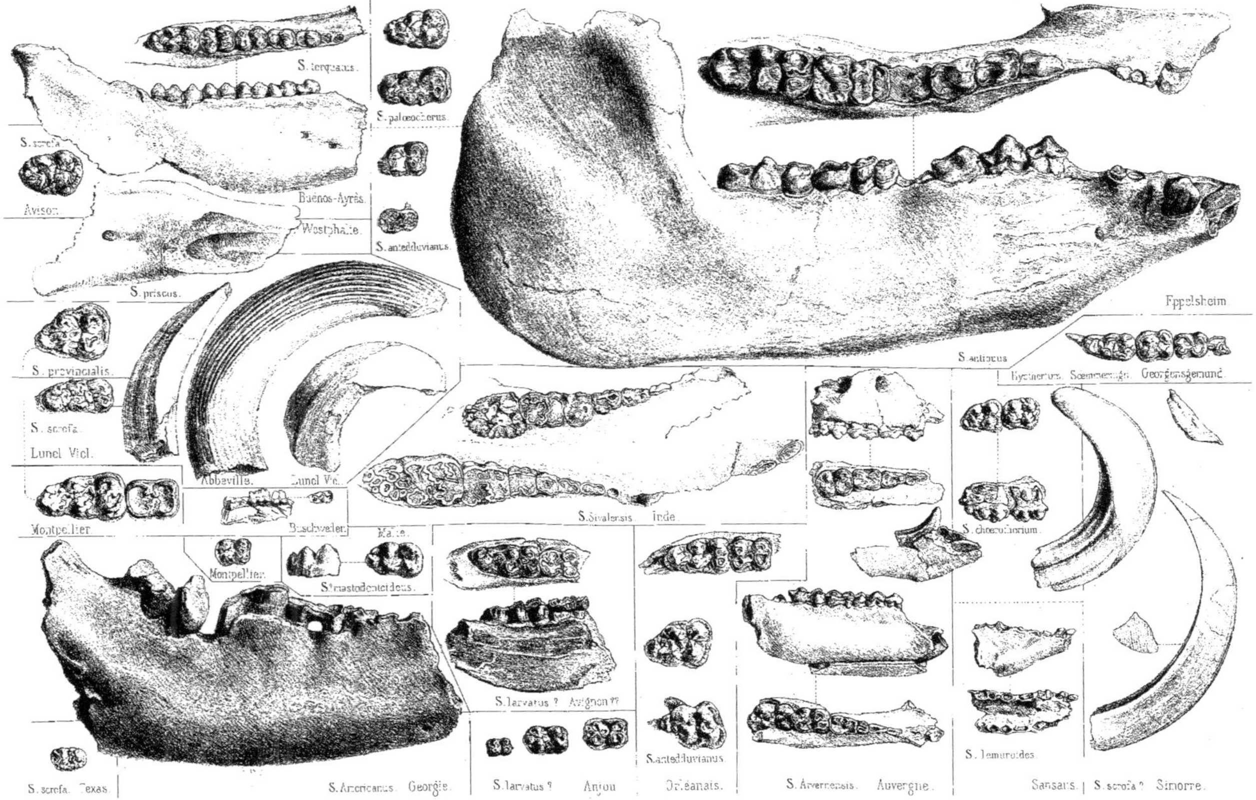

FOSSILES DE DIVERSES ESPÈCES, $\frac{2}{5}$.

Werner del.

Lith. de Becquet Fr.

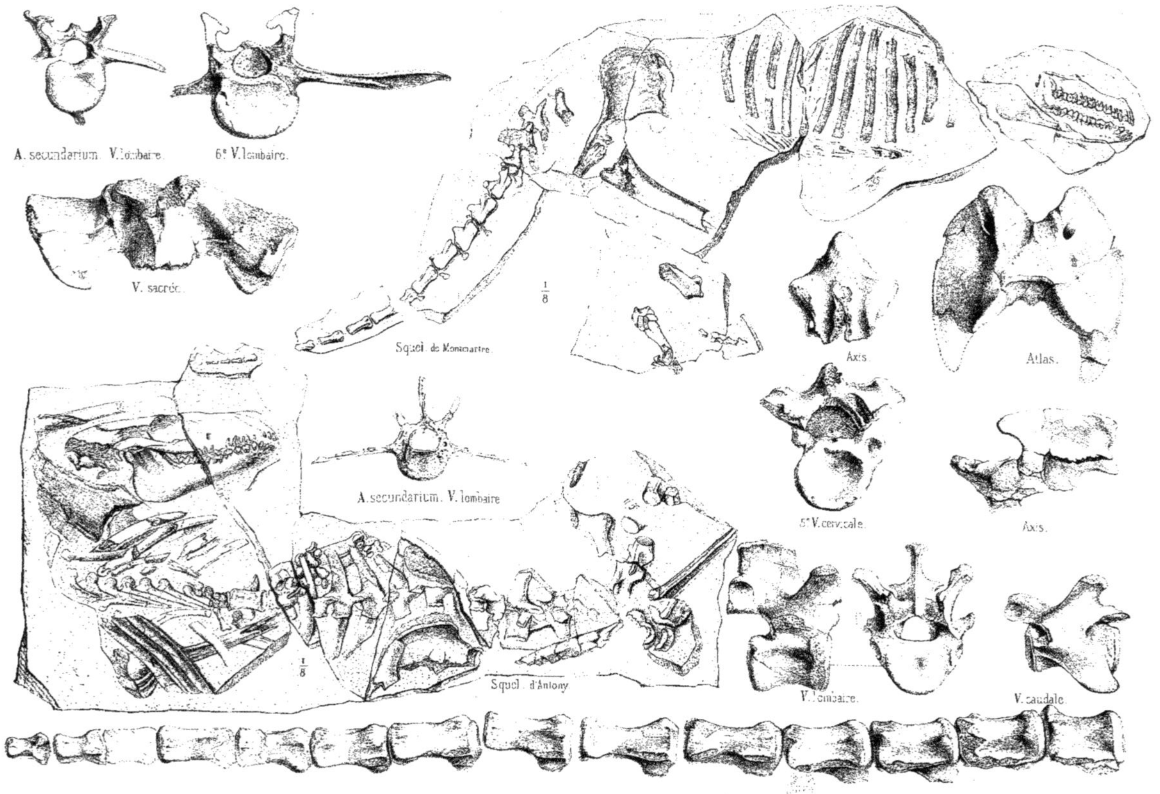

A. commune. Tronc 1/2.

Delahaye, del. Lith. de Becquet frères.

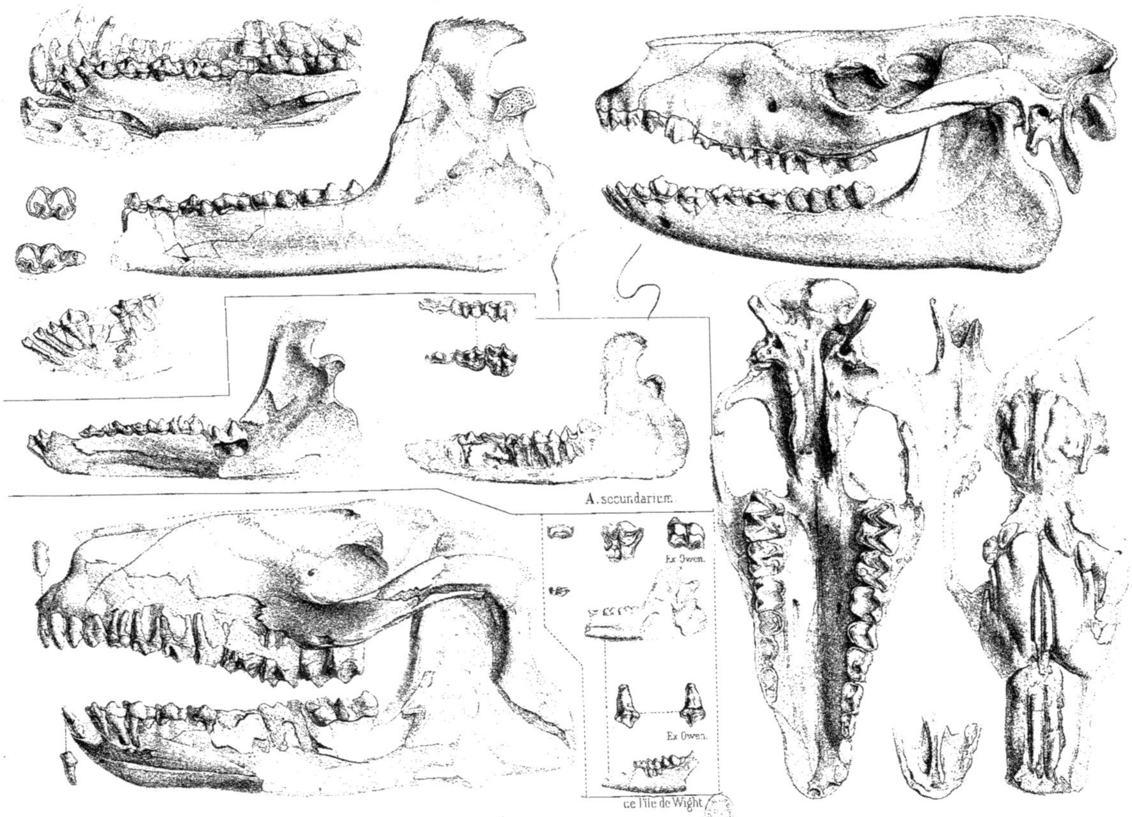

A. secundarium.

Ex Owen.

Ex Owen.

de l'île de Wight

A. commune (de Paris)

TÊTES ET SYSTÈME DENTAIRE $\frac{1}{2}$.

Delahaye, del.

Lith. de Becquet frères

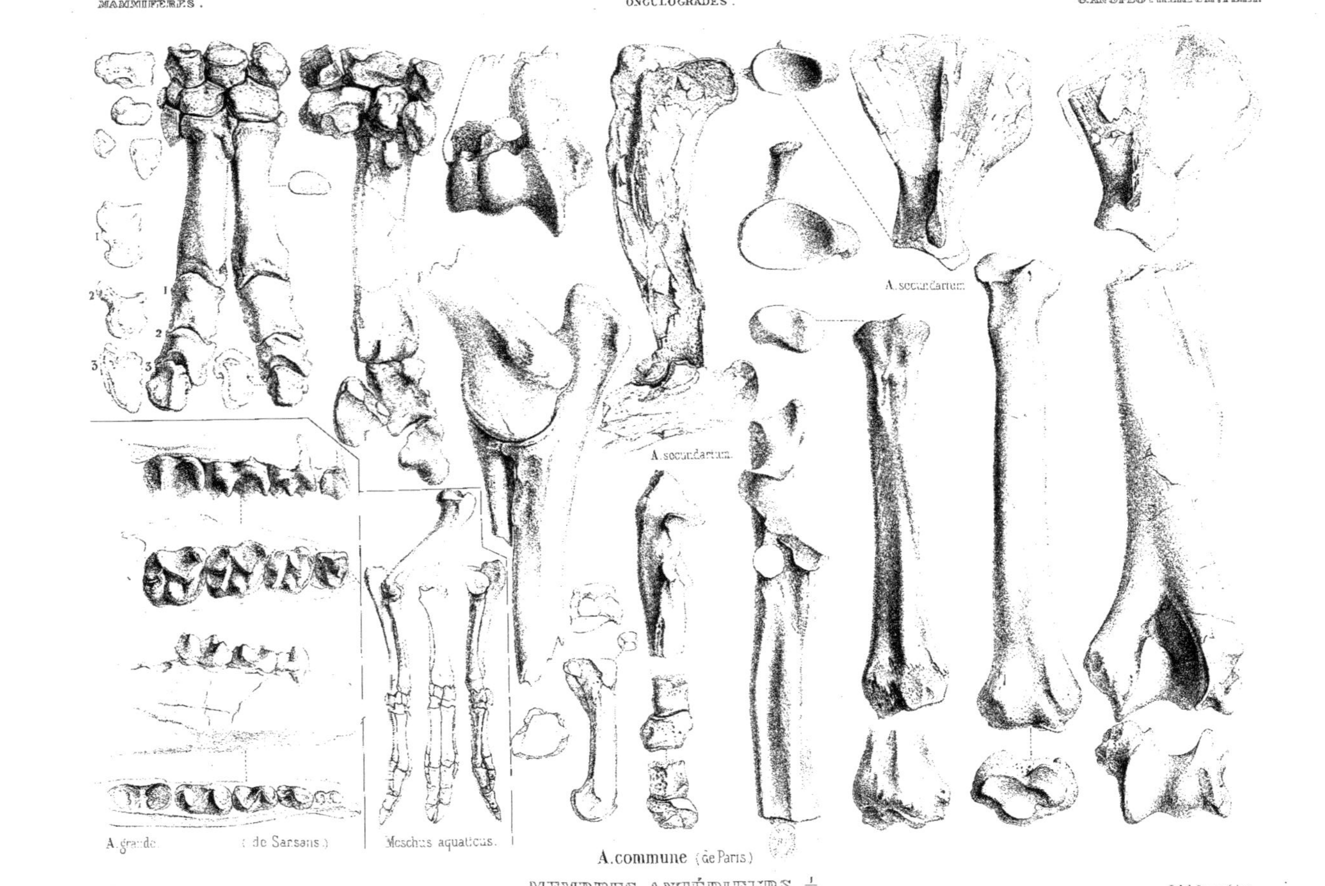

MEMBRES ANTÉRIEURS $\frac{1}{2}$.

Delahaye del. Lith. de Becquet frères.

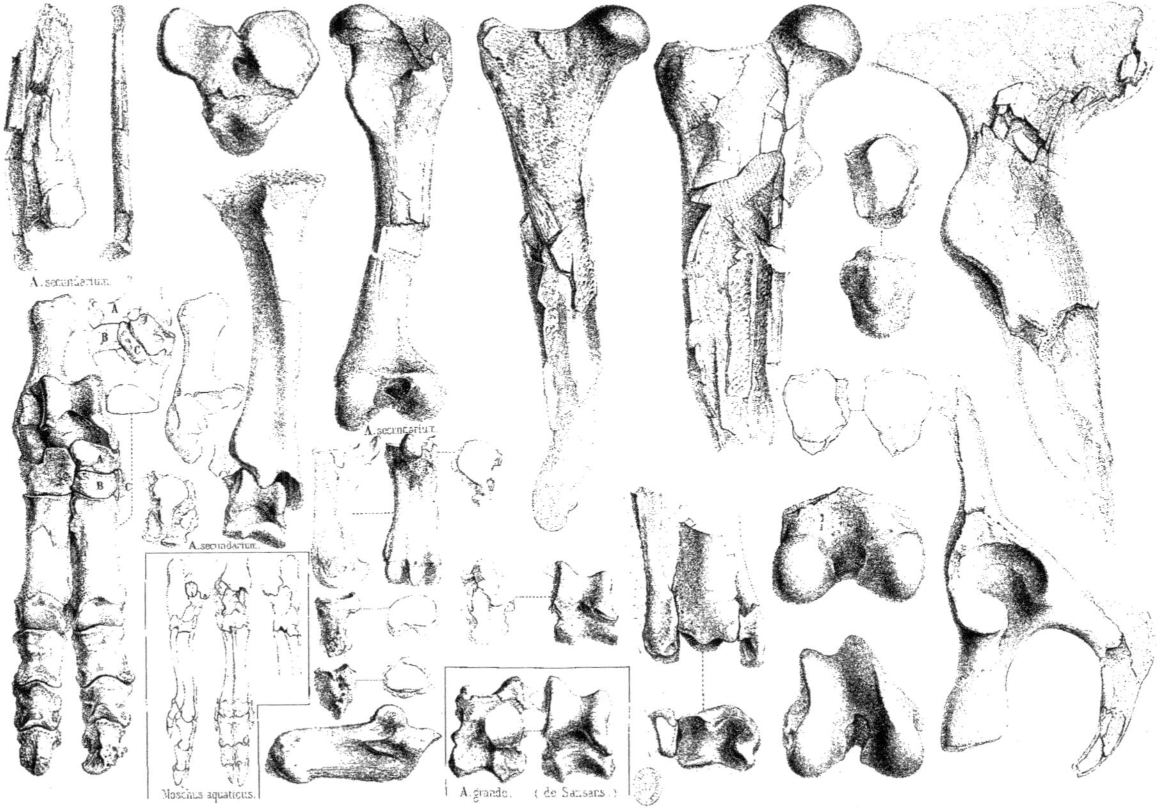
A. secundarium
A
B
C
A
B
C
A. secundarium
A. secundarium
Moschus aquaticus.
A. grande. (de Sansans.)

A. commune (de Paris.)

Delahaye del.

MEMBRES POSTÉRIEURS $\frac{1}{2}$.

Lith. Becquet frères.

A. (XIPHODON) GRACILE $\frac{1}{1}$.

Delahaye, del. Lith. de Becquet frères

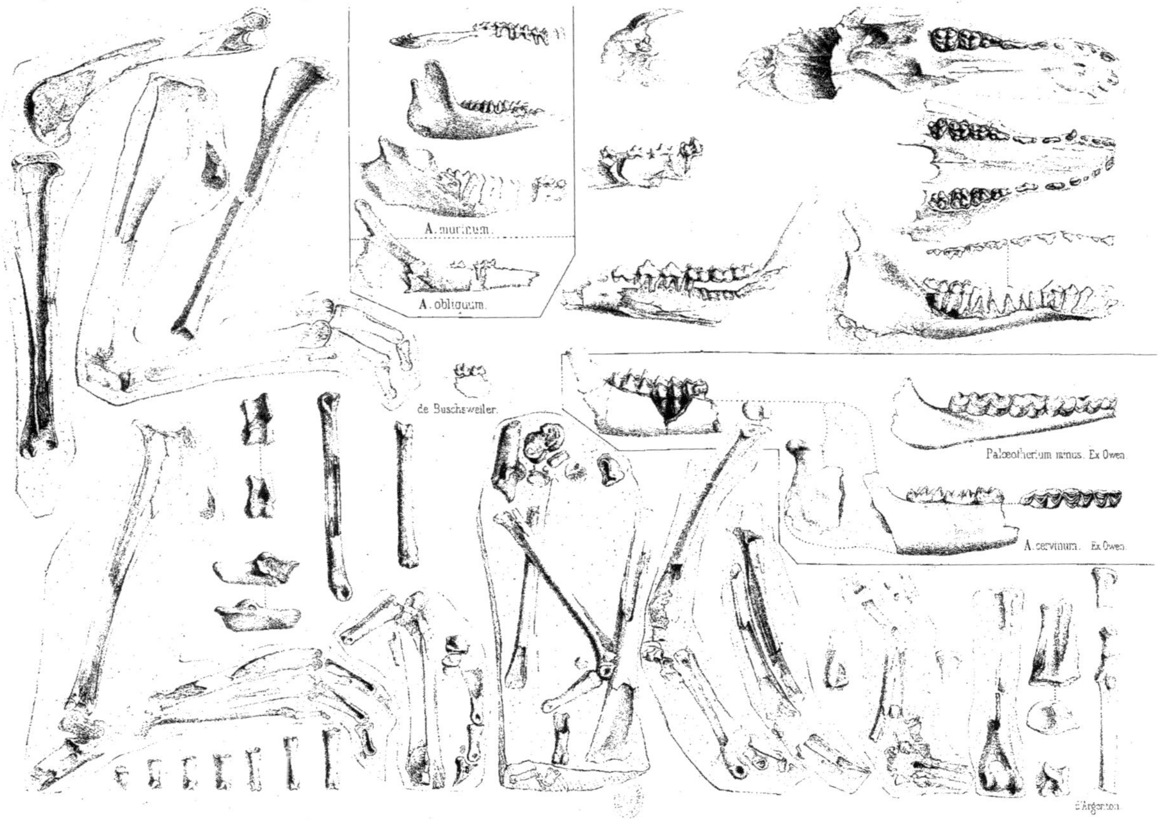

A. murinum.

A. obliquum.

de Buschsweiler.

Palæotherium ramus. Ex Owen.

A. cervinum. Ex Owen.

d'Argenton.

A. (DICHOBUNE) LEPORINUM (de Paris) $\frac{1}{1}$.

Delahaye, del. Lith. de Becquet frères.

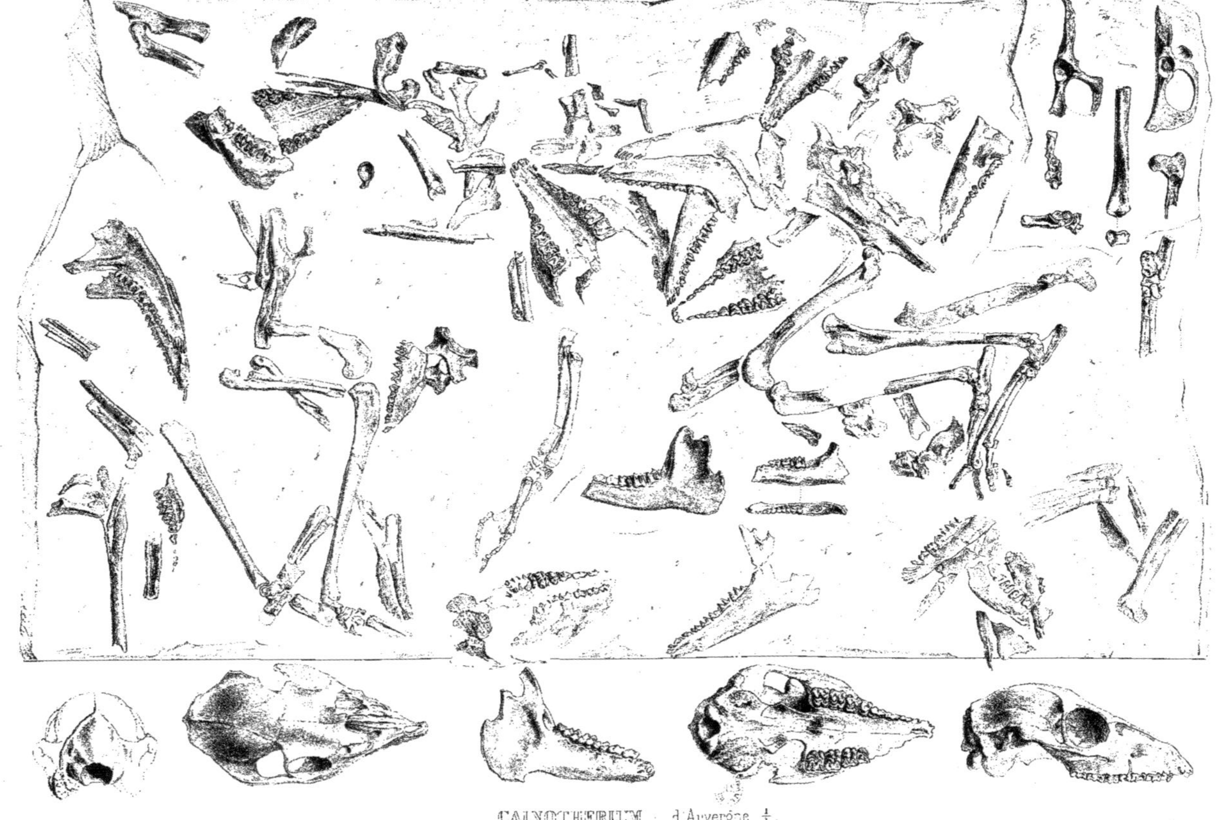

CAINOTHERIUM d'Auvergne $\frac{1}{1}$.

Werner del. Lith. de Becquet frères.

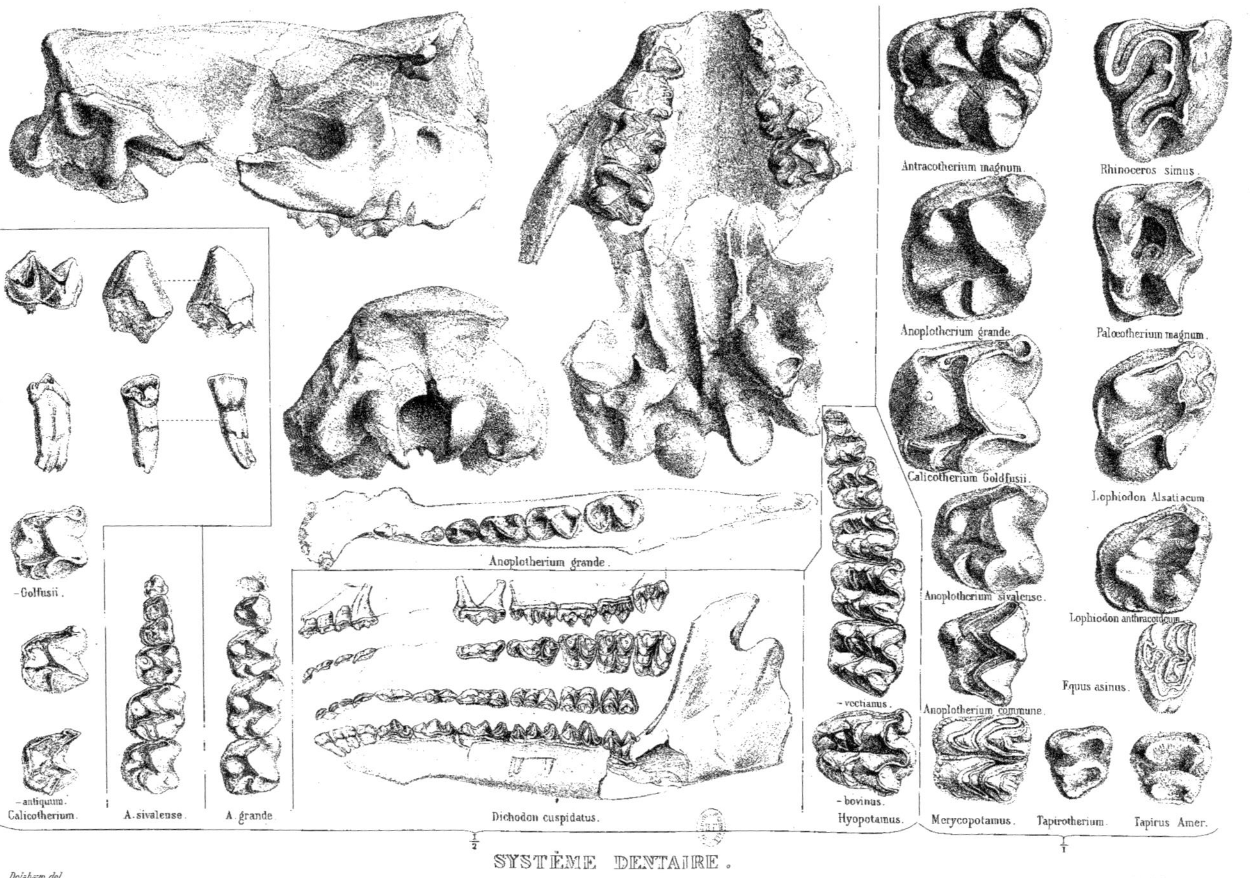

SYSTÈME DENTAIRE.

Delahaye, del.

Lith. de Becquet frères.

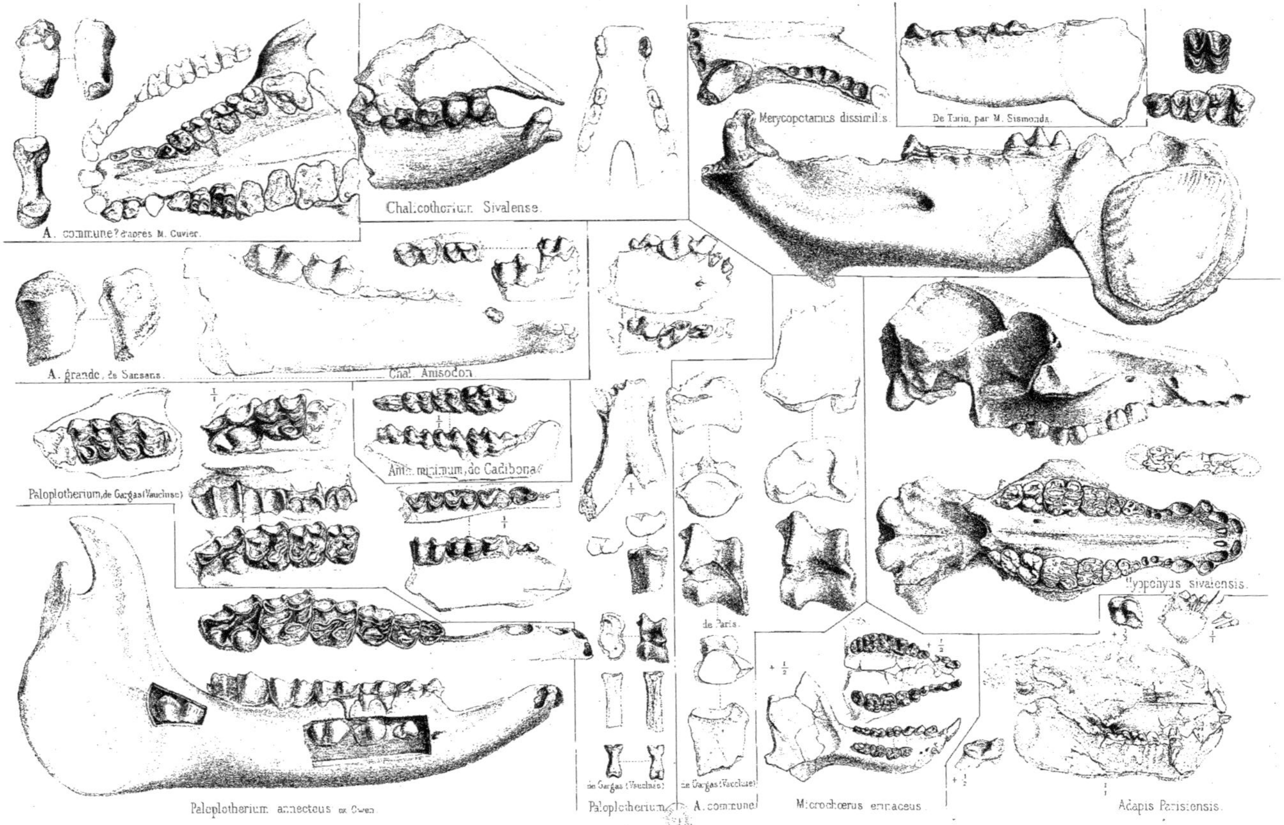

SYSTÈME DENTAIRE D'ANOPLOTHERIUM ET GENRES VOISINS $\frac{1}{2}$.

Delahaye, del.

Lith. de Becquet frères.

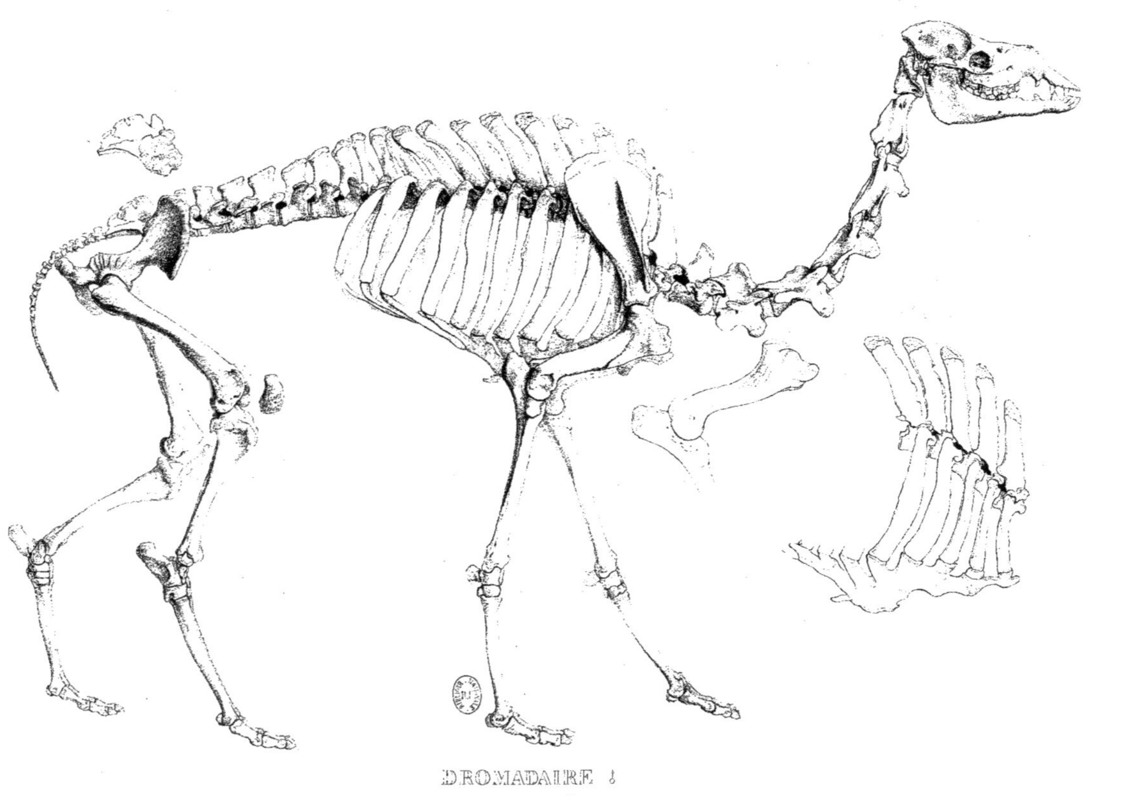

DROMADAIRE ♂

C. dromedarius $\frac{1}{9}$.

Delahaye, del. Lith. de Becquet frères

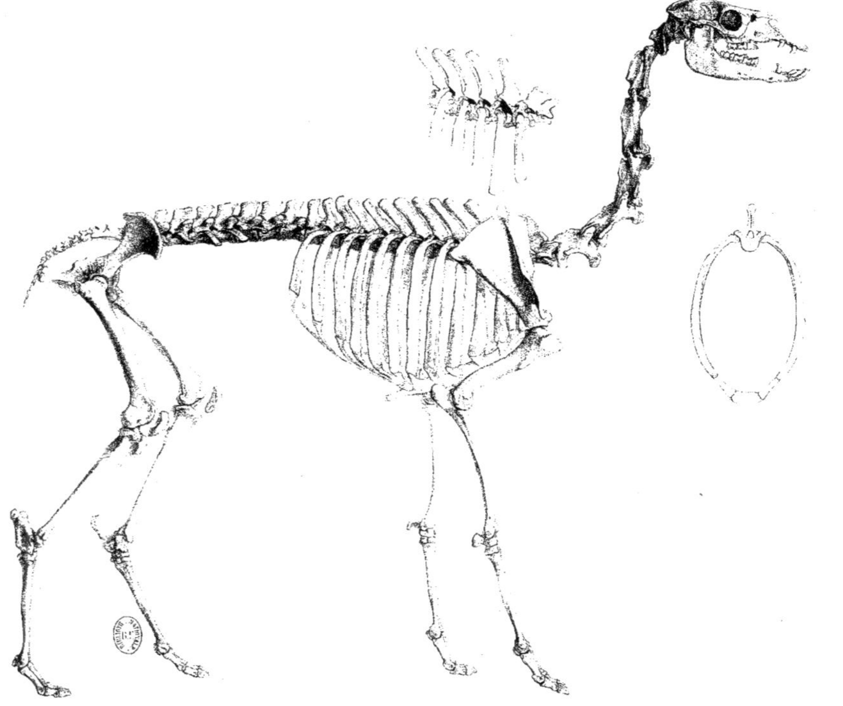

LAMA ♂

C. lama $\frac{1}{7}$.

Delahaye del. Lith. de Becquet frères.

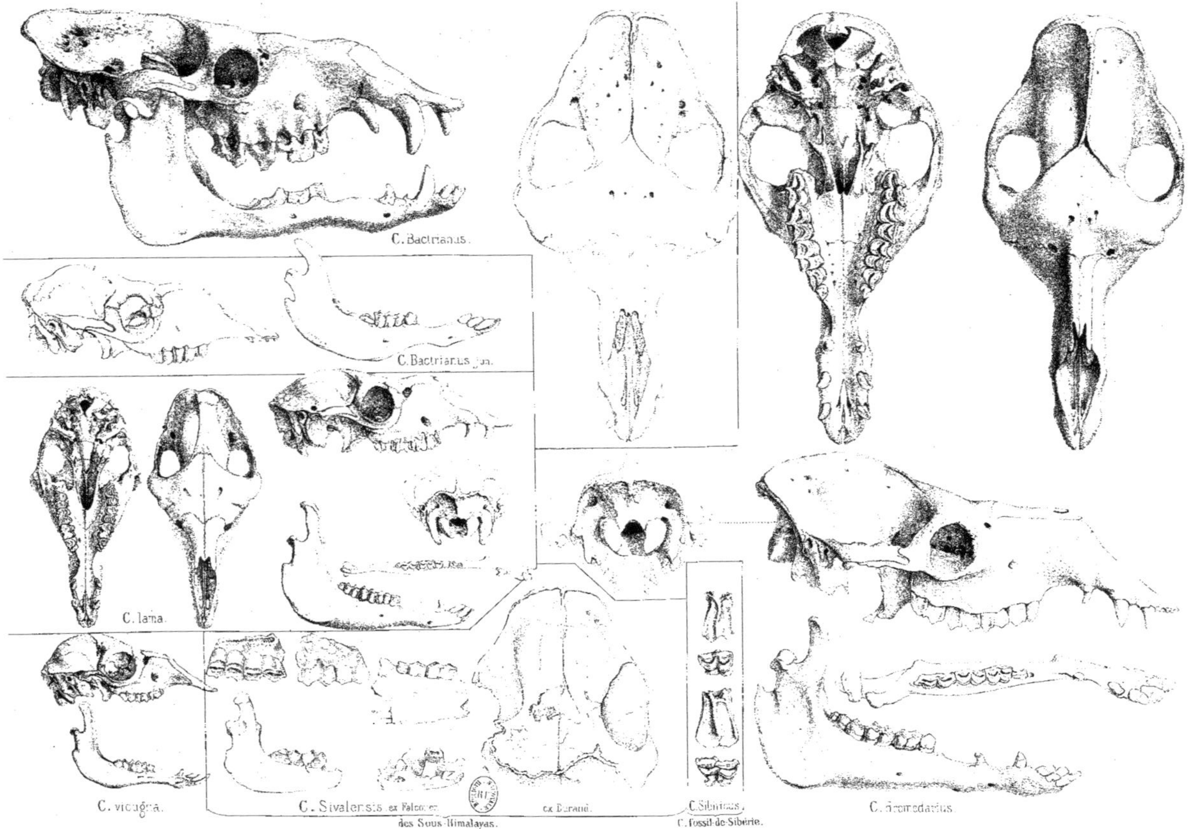

C. Bactrianus.

C. Bactrianus jun.

C. lama.

C. vicugna.

C. Sivalensis ex Falconer des Sous-Himalayas.

ex Durand.

C. Sibiricus.

C. fossil de Sibérie.

C. dromedarius.

TÊTES ET SYSTÈME DENTAIRE DES ESPÈCES VIVANTES ET FOSSILES. 1/4

Delahaye del.

Lith. de Becquet frères.

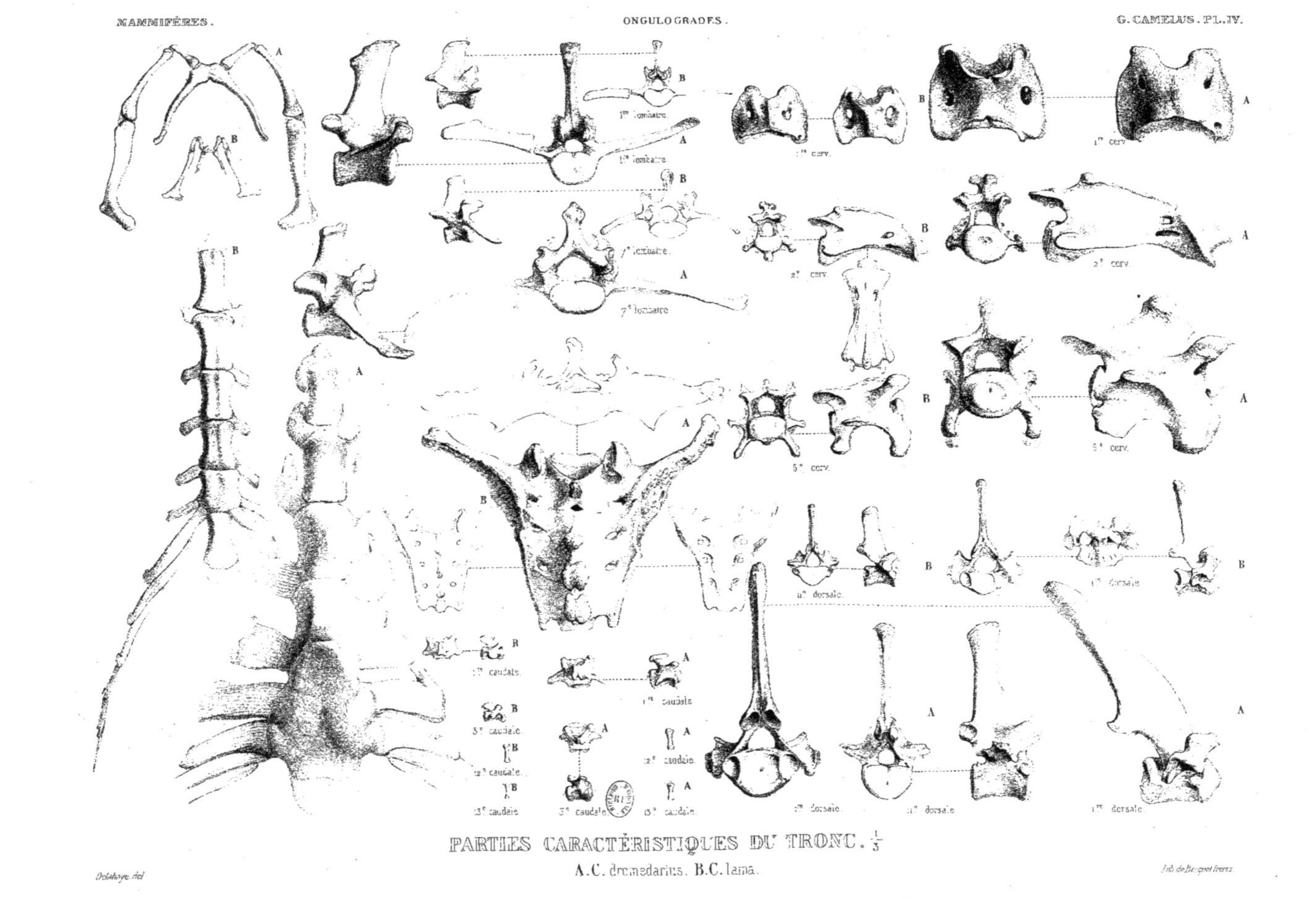

PARTIES CARACTÉRISTIQUES DU TRONC. $\frac{1}{3}$

A. C. dromedarius. B. C. lama.

Delahaye del. Lith. de Becquet frères.

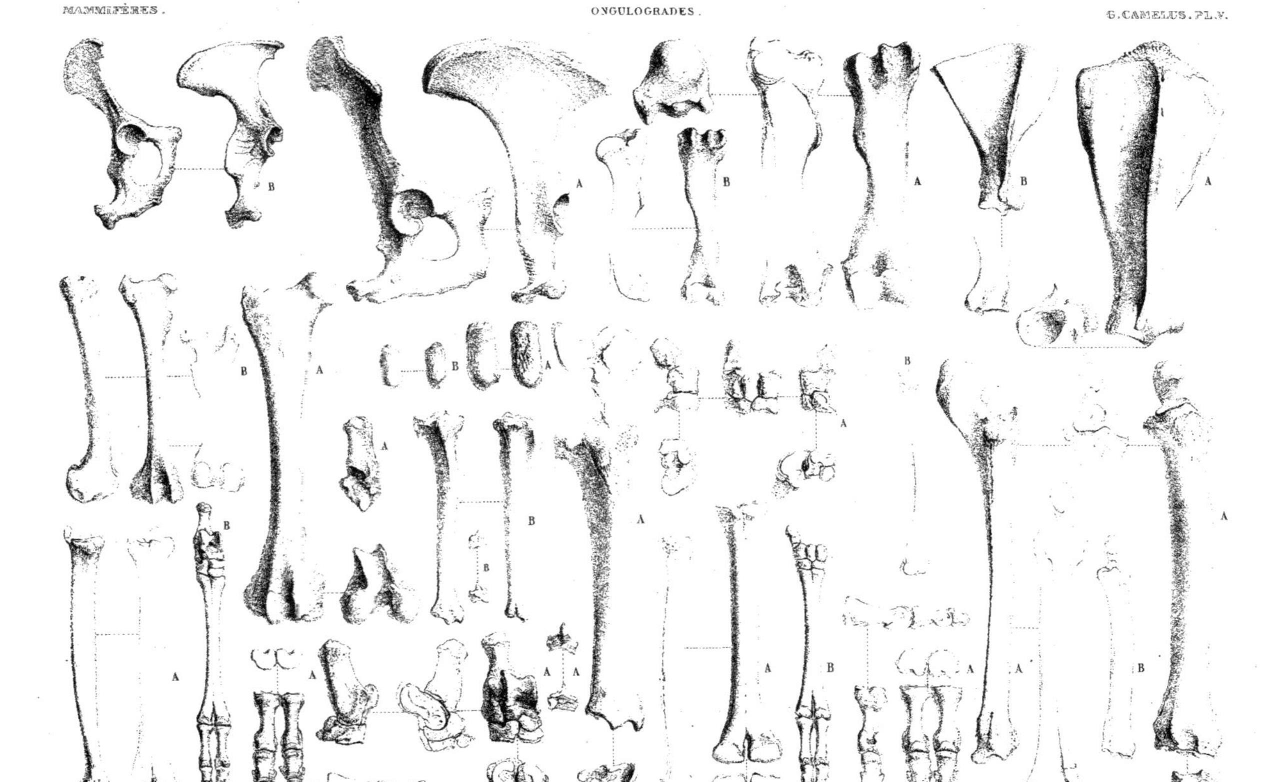

PARTIES CARACTÉRISTIQUES DES MEMBRES $\frac{1}{4}$.

A. C. dromedarius. B. C. lama.

Delahaye, del. — Lith. de Becquet frères.

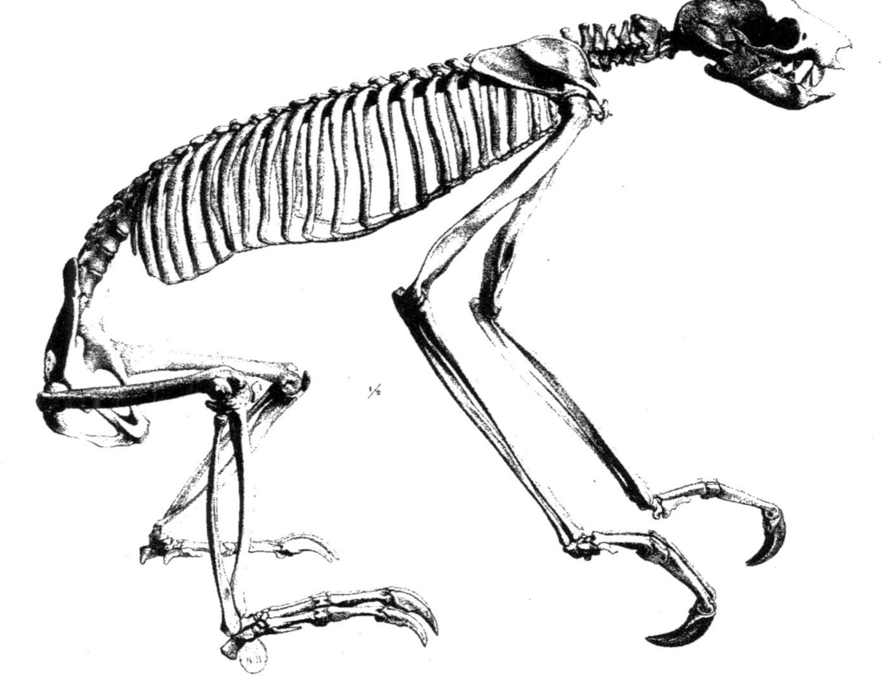

PARESSEUX UNAU.
(B. didactylus.)

Werner Del. Lith. de Becquet.

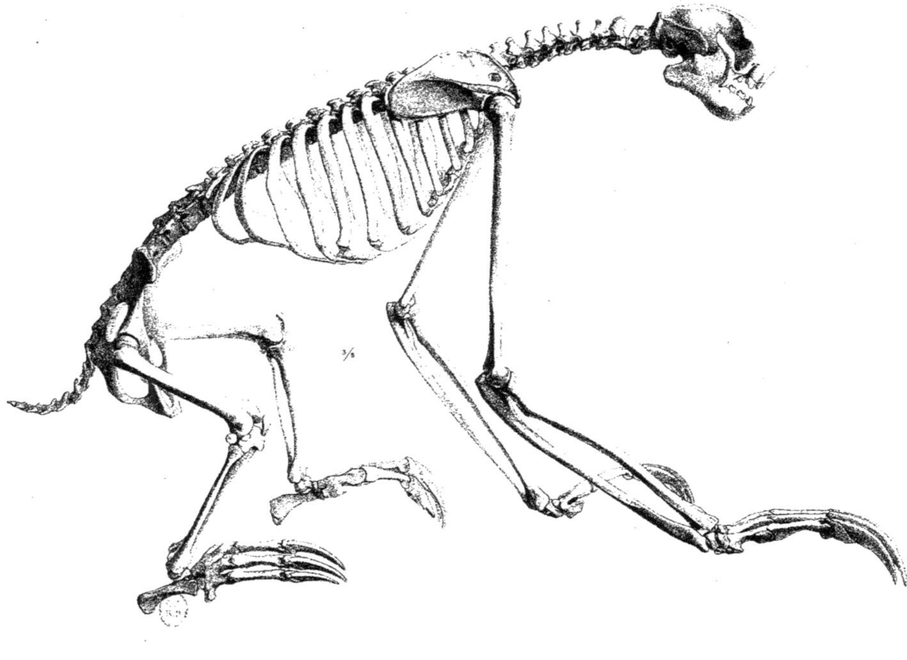

PARESSEUX AÏ.

(B. Tridactylus.)

Werner. Del. Lith. de Becquet.

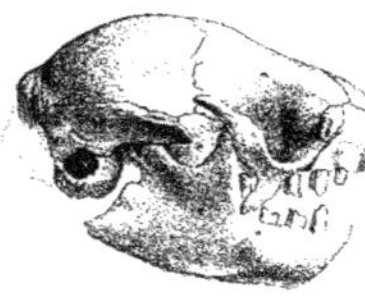
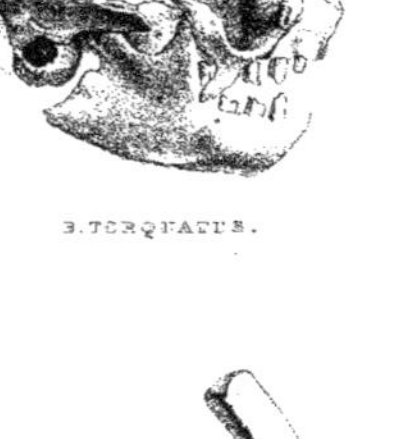

B. TORQUATUS.

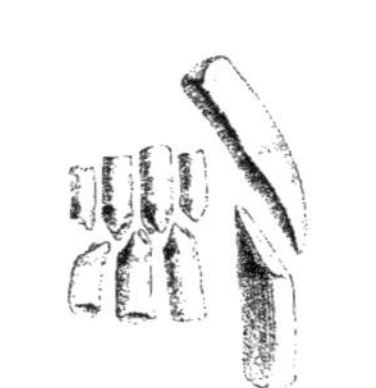
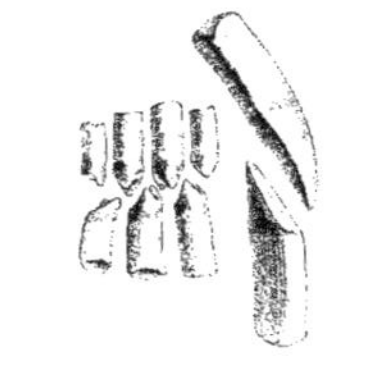

B. DIDACTYLUS.

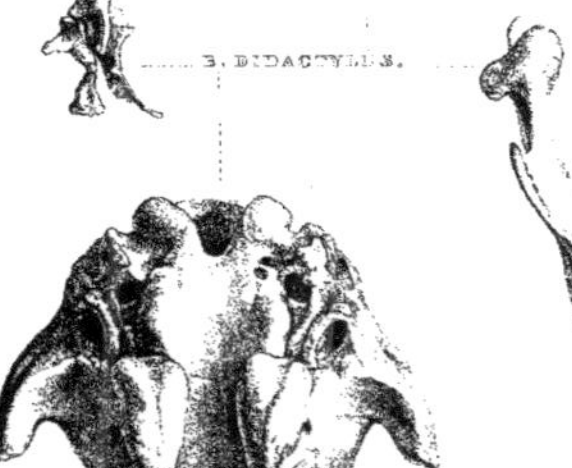
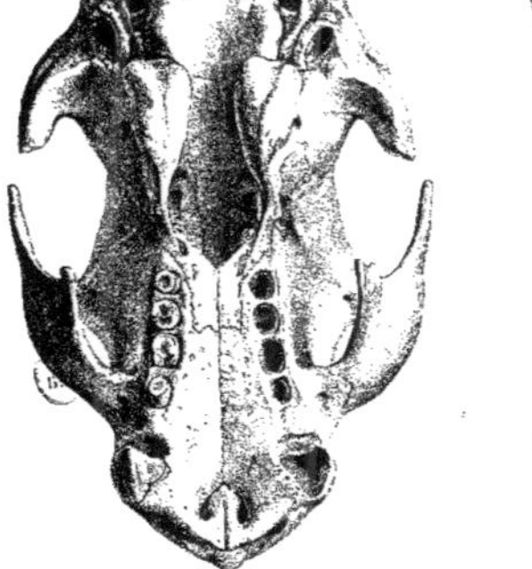

B. TRIDACTYLUS.
(Guianensis.)

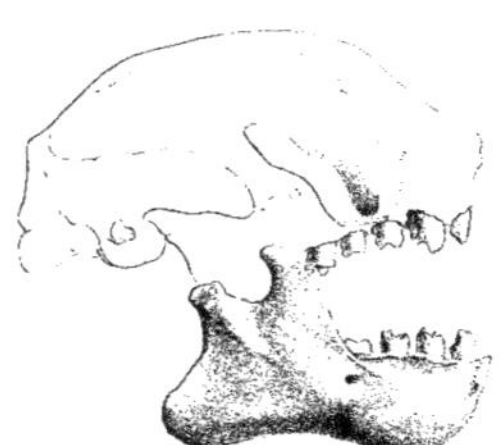
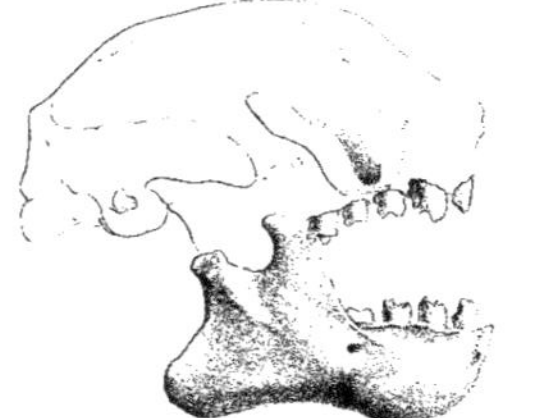
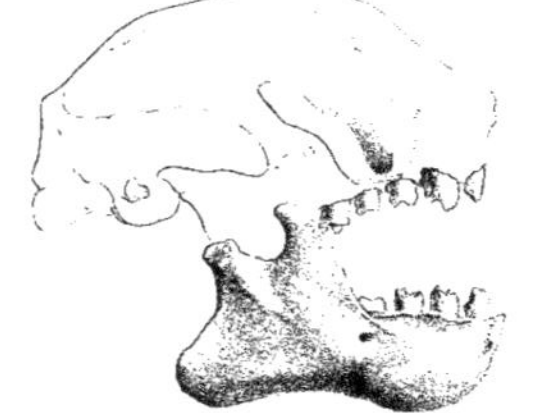
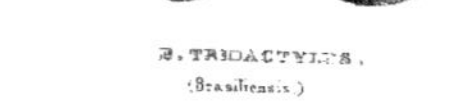

B. DIDACTYLUS. (Jne.)

B. TRIDACTYLUS.
(Brasiliensis.)

Werner Del.

Lith. de Becquet.

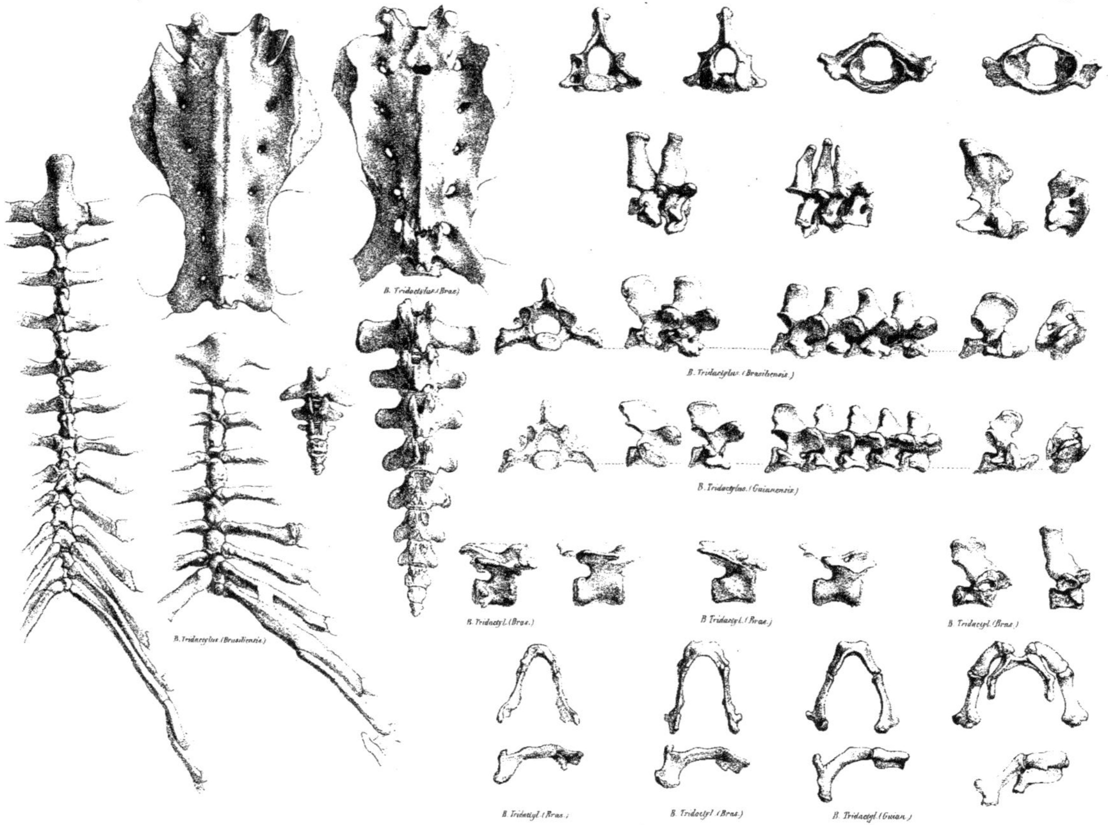

B. Tridactylus (Bras.)

B. Tridactylus (Brasiliensis)

B. Tridactylus (Guianensis)

B. Tridactylus (Brasiliensis)

B. Tridactyl. (Bras.)

B. Tridactyl. (Bras.)

B. Tridactyl. (Bras.)

B. Tridactyl. (Bras.)

B. Tridactyl. (Bras.)

B. Tridactyl. (Guian.)

PARTIES CARACTÉRISTIQUES DU TRONC,

Unau (Bradypus Didactylus)

Werner, Del. Lith. de Becquet

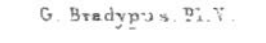

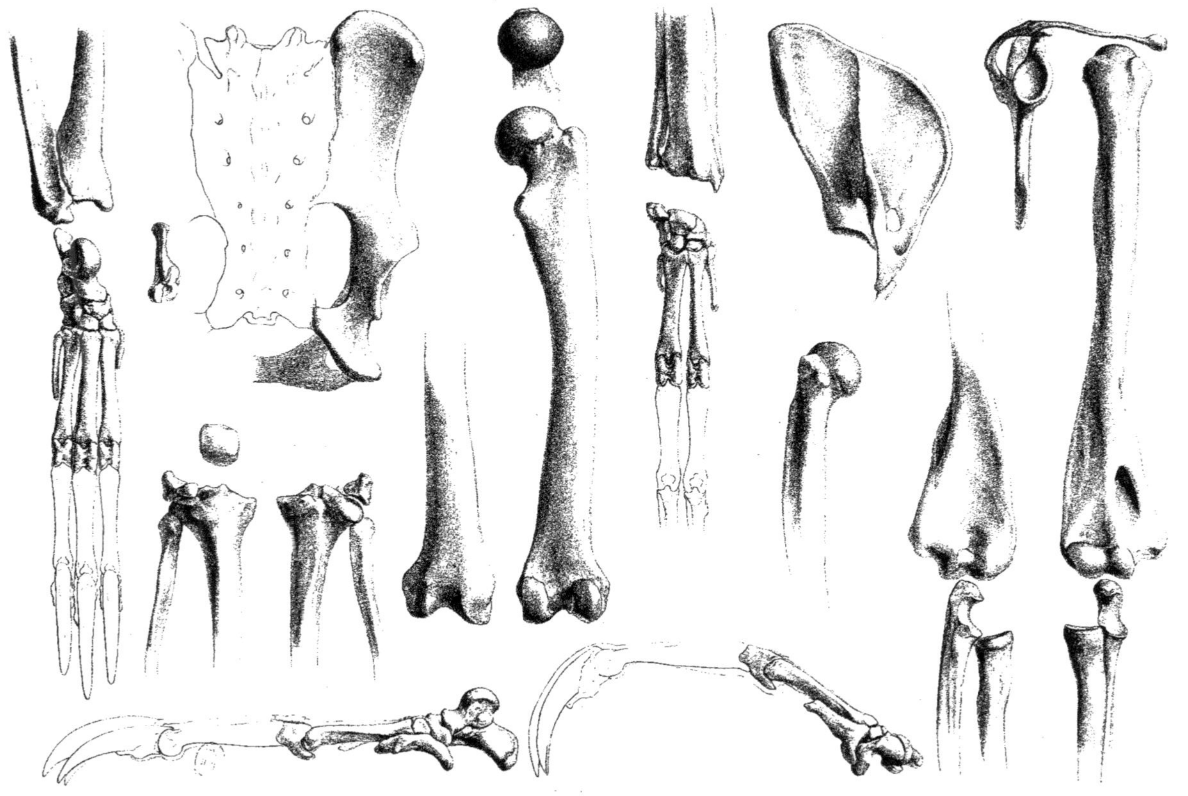

PARTIES CARACTÉRISTIQUES DES MEMBRES.

(B Didactylus.)

Werner Del.

Lith. de Becquet

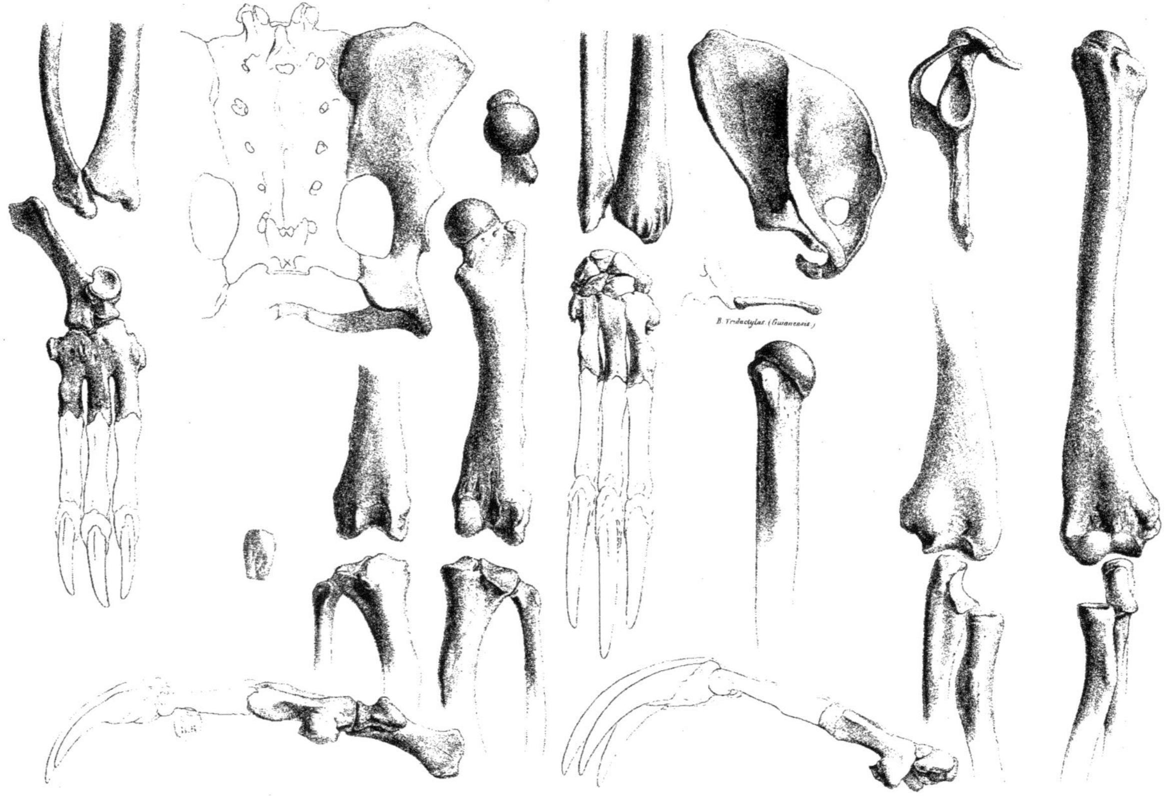

PARTIES CARACTÉRISTIQUES DES MEMBRES.

A. (B. Tridactylus Brasiliensis)

Werner, Del. Lith. de Becquet.

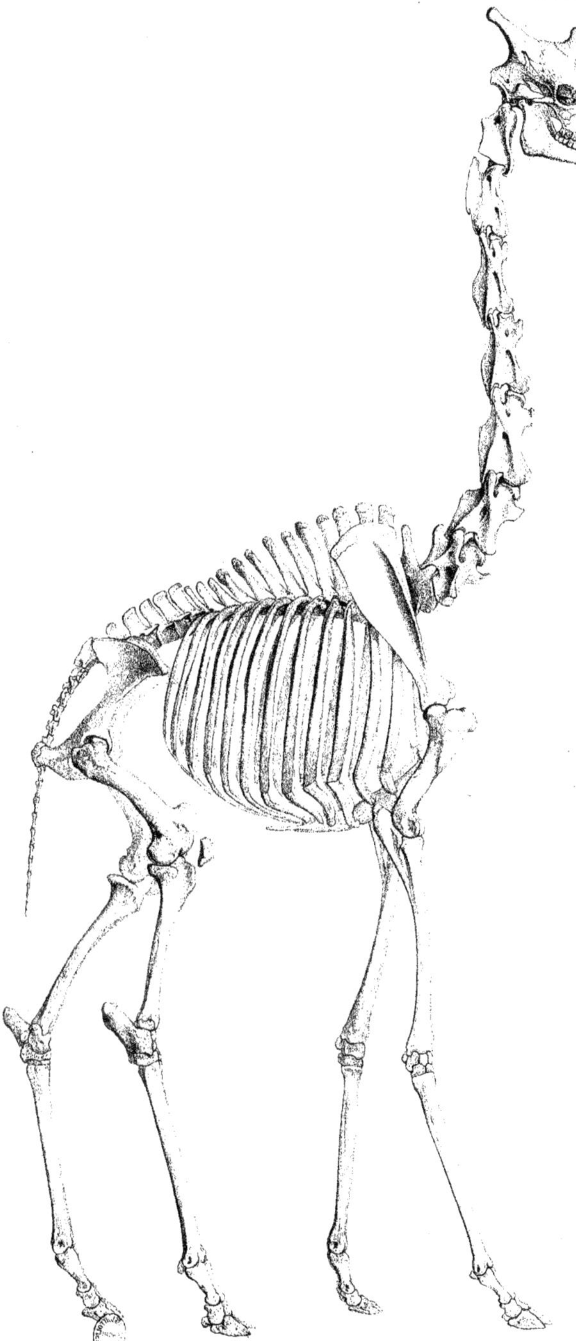

CAMELOPARDALIS GIRAFFA ♂ $\frac{1}{10}$

Delahaye del.

Lith. Becquet frères, Paris.

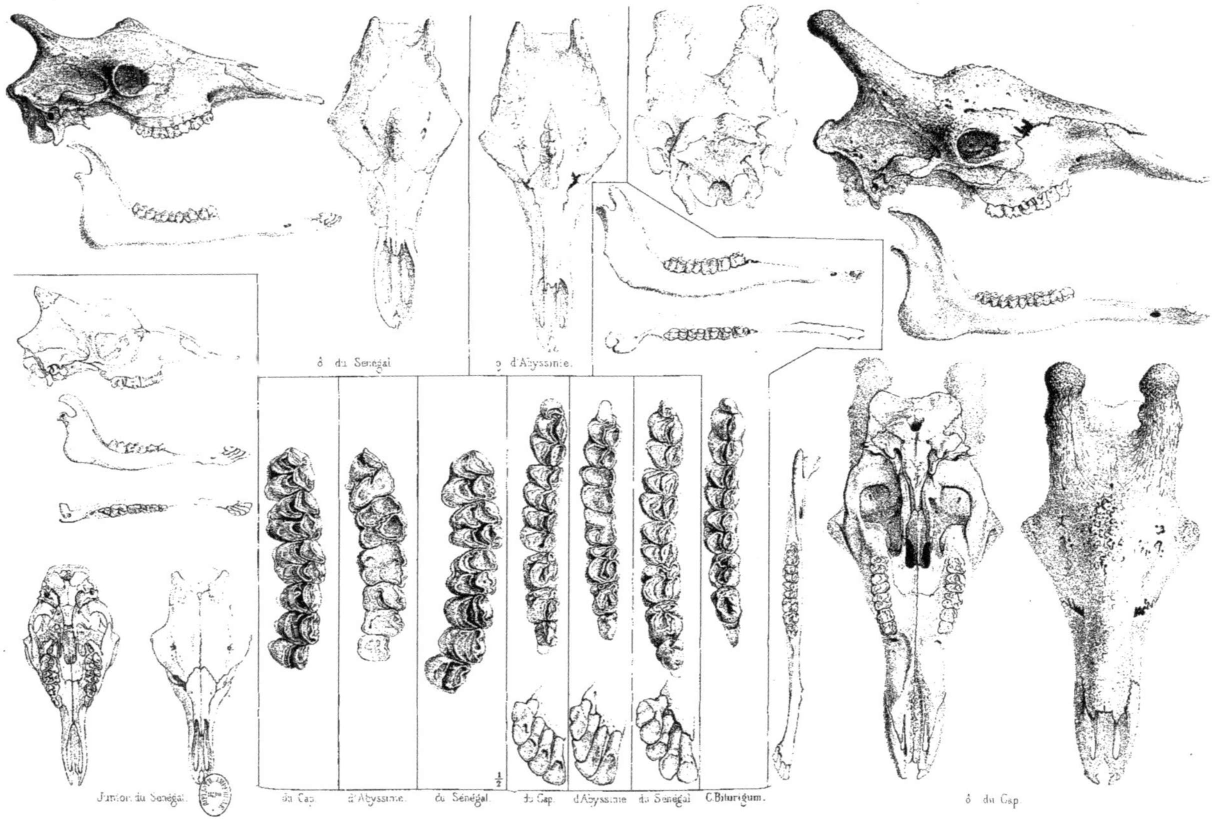

♂ du Sénégal

♀ d'Abyssinie

Junior du Sénégal

du Cap. d'Abyssinie. du Sénégal. $\frac{1}{2}$ du Cap. d'Abyssinie. du Sénégal. C. Biturigum.

♂ du Cap.

CAMELOPARDALIS GIRAFFA $\frac{1}{5}$.

Delahaye del.

Lith. Becquet frères, Paris.

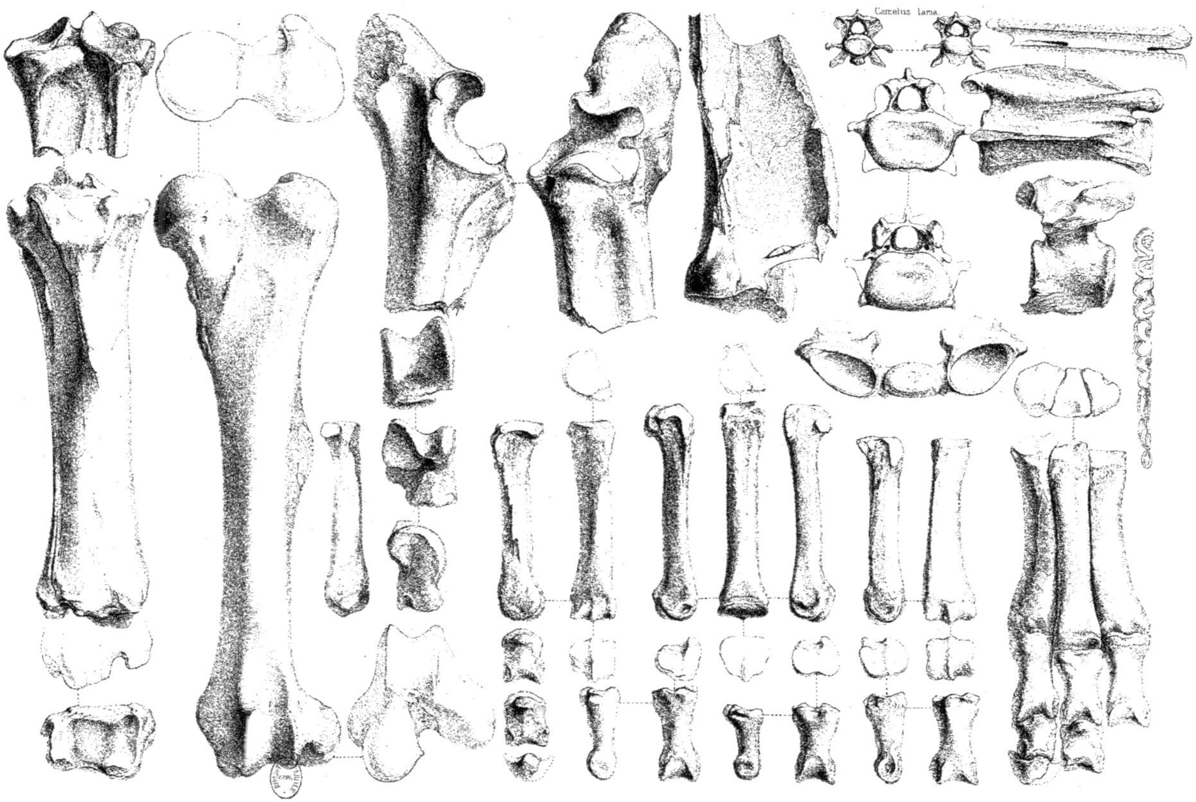

Camelus lama.

MACRAUCHENIA PATACHONICA.

Delahaye, del.

Lith. de Becquet frères.

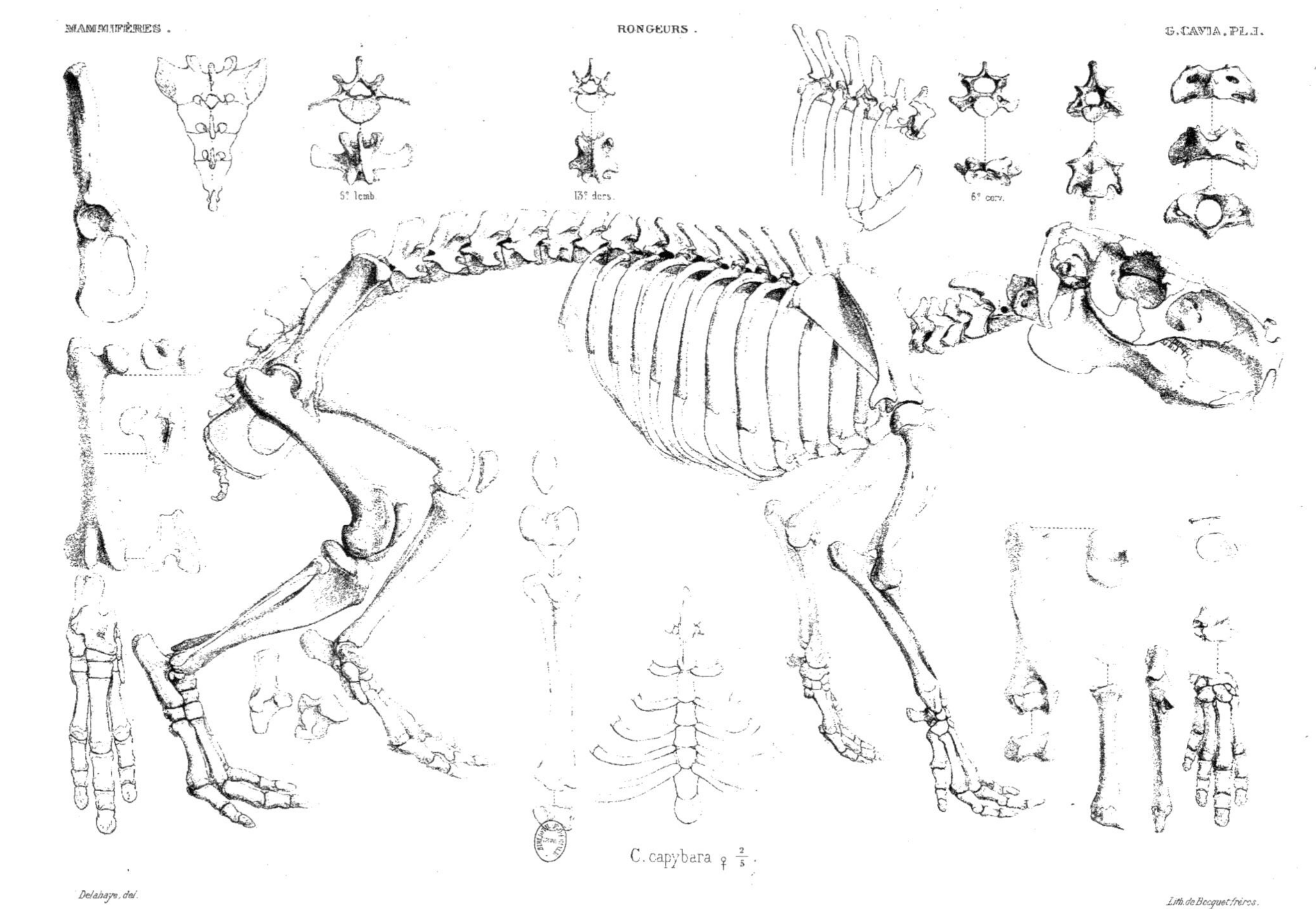

C. capybara ♀ $\frac{2}{5}$.

Delahaye. del.

Lith. de Becquet frères.

C. moco $\frac{1}{1}$.

Adultus.

Junior

C. cobaya $\frac{1}{1}$.

C. aperea $\frac{1}{1}$.

C. patagonica $\frac{1}{2}$

C. capybara ♀ $\frac{1}{3}$.

Delahaye, del.

Lith. de Becquet frères.

C. aguti ♀ $\frac{1}{1}$.

C. paca ♂ $\frac{1}{1}$.

Delahaye, del.

Lith. de Becquet frères.

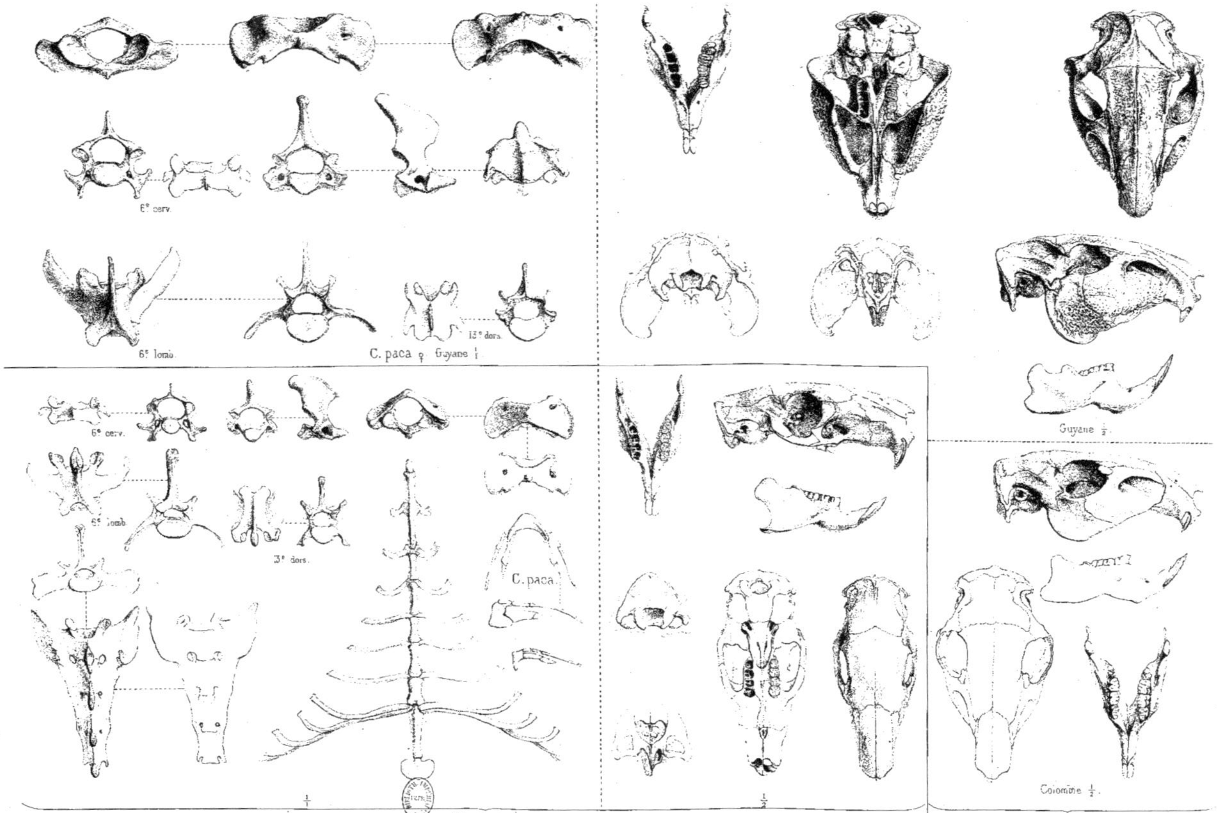

C. aguti ♀.

C. paca ♂.

Delahaye, del.

Lith. de Becquet frères

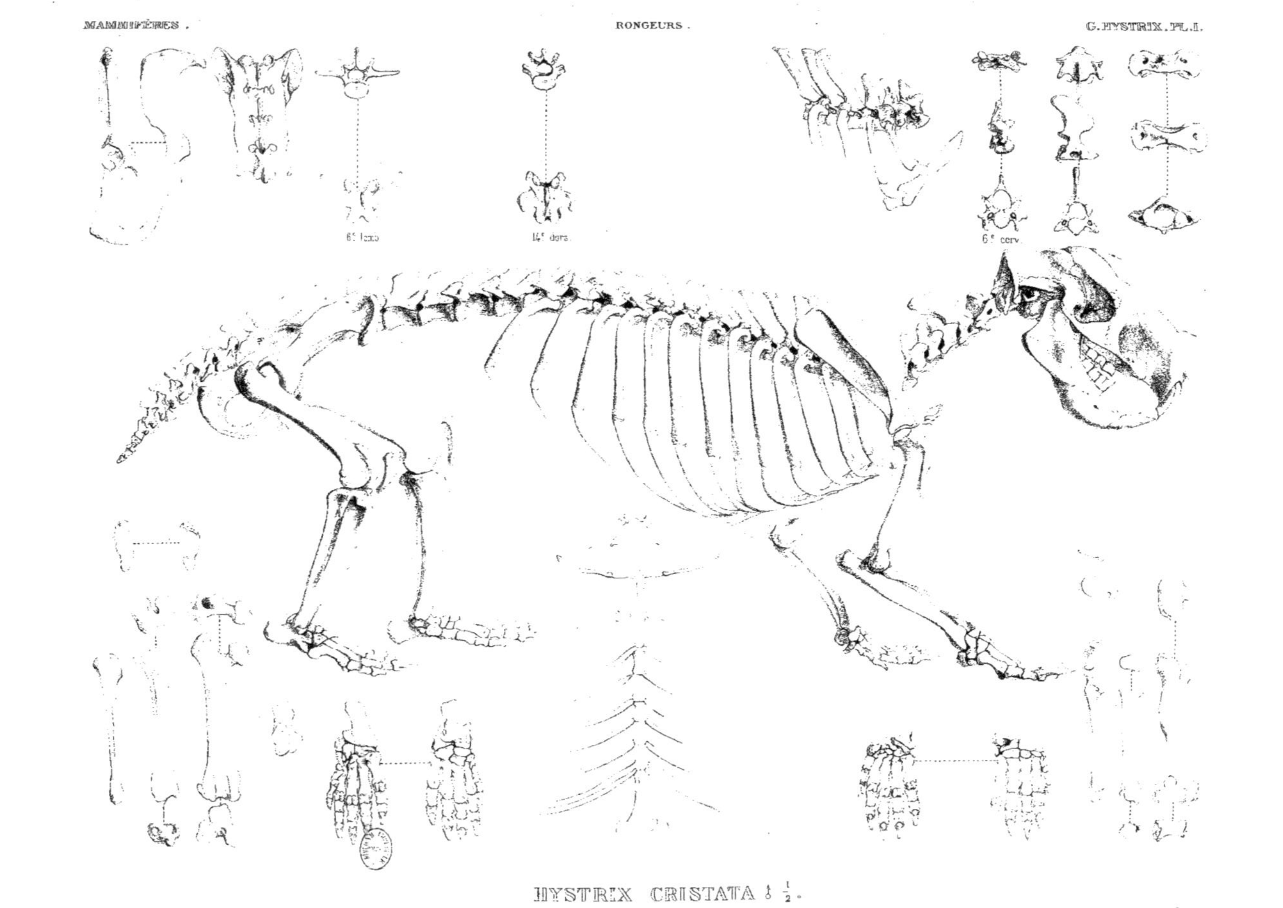

HYSTRIX CRISTATA ♂ $\frac{1}{2}$.

Delahaye, del.

Lith. de Becquet frères.

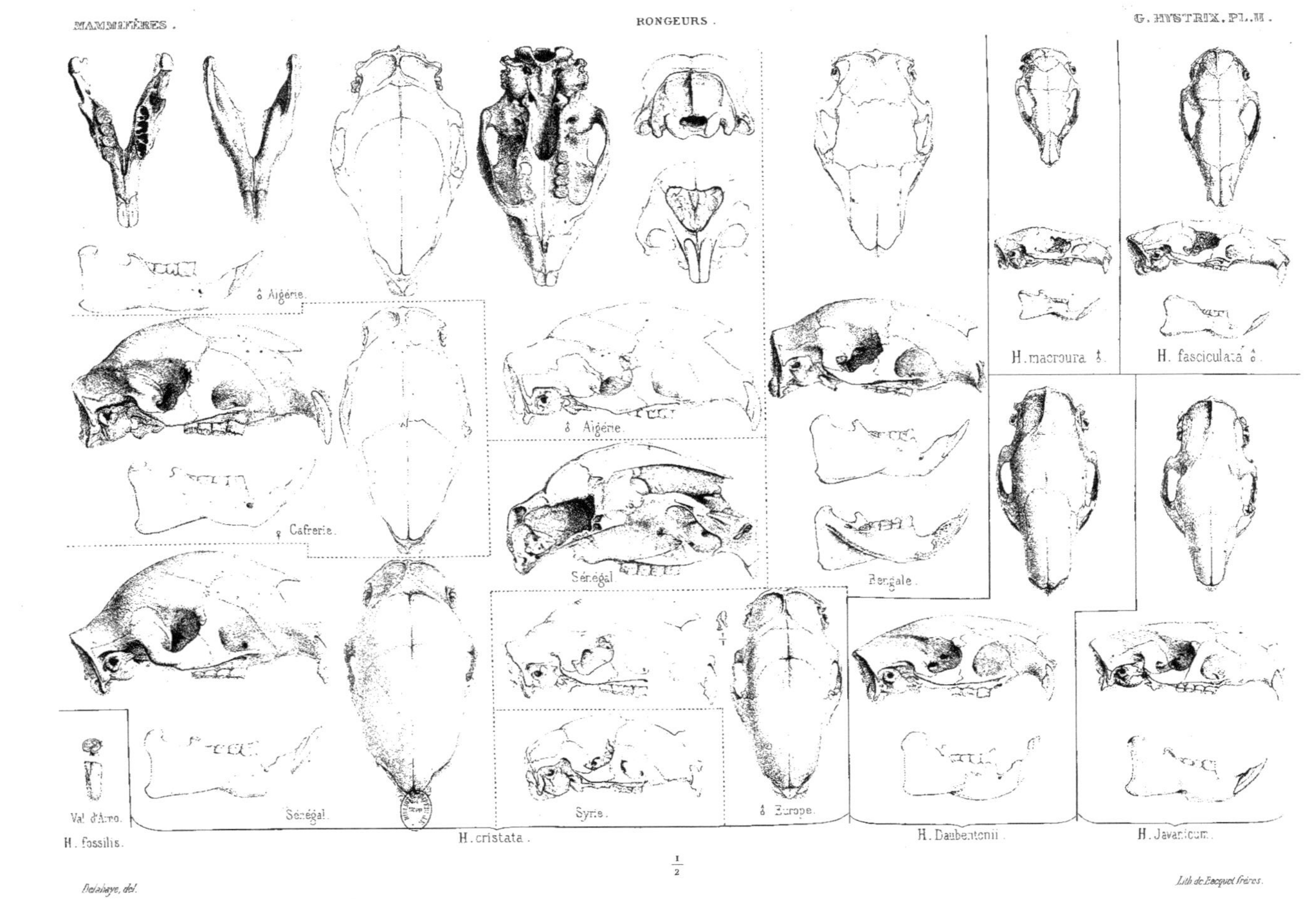

Delahaye, del.

Lith. de Becquet frères.

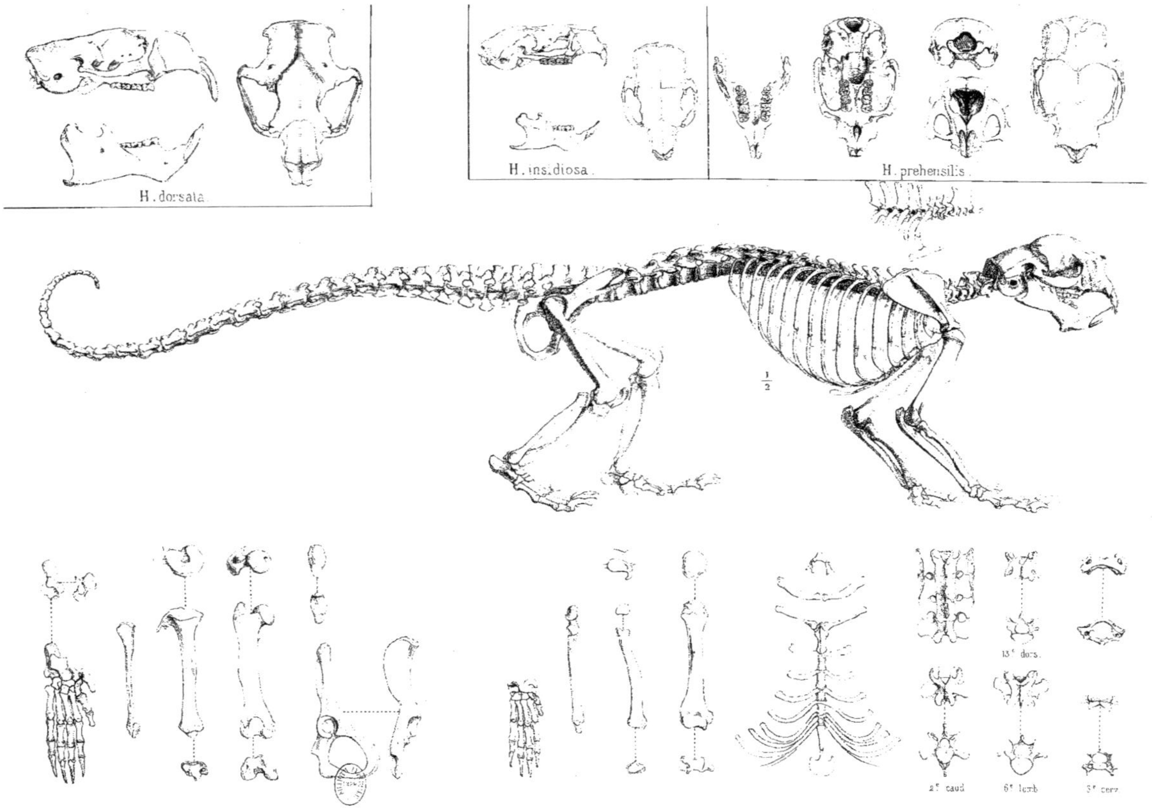

H. PREHENSILIS ♀ 1/2.

Delahaye, del.

Lith. de Becquet frères.

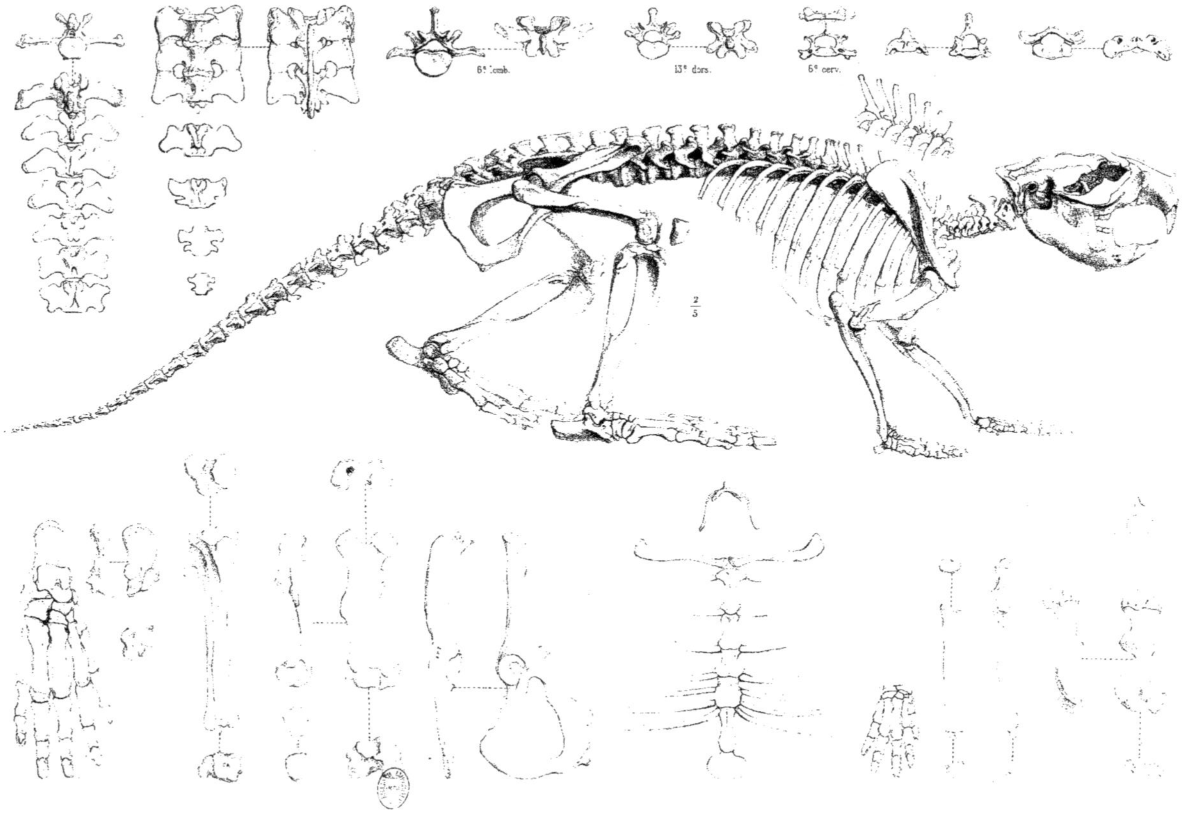

6e lomb.

13e dors.

6e cerv.

$\frac{2}{5}$

CASTOR FIBER ♂ (France) $\frac{1}{2}$.

Delahaye, del. Lith. Becquet frères.

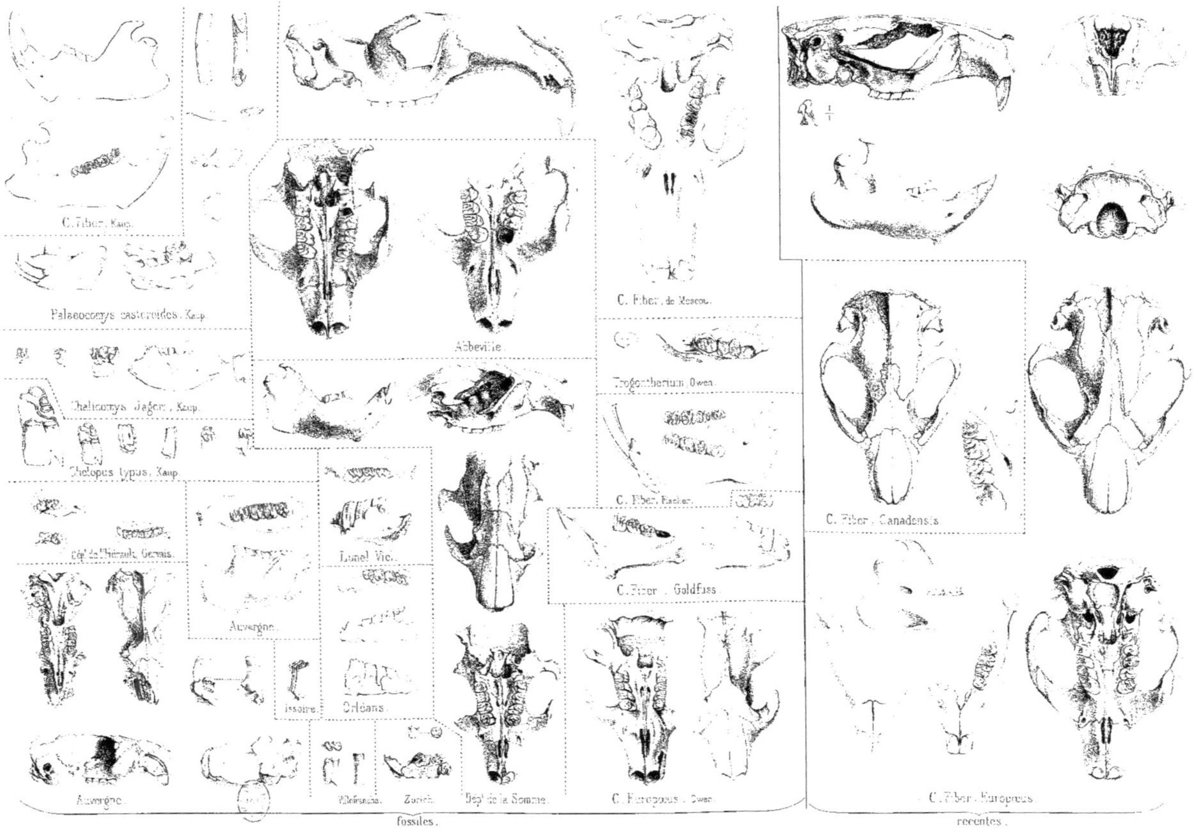

C. Fiber, Kaup.

Palaeocomys castoroides, Kaup.

Chalicomys Jægeri, Kaup.

Chelopus typus, Kaup.

Dépt de l'Hérault, Gervais.

Auvergne.

Abbeville.

Lunel Viel.

Orléans.

Issoire.

Weisenau.

Zurich.

Dépt de la Somme.

C. Fiber, de Moscou.

Trogontherium, Owen.

C. Fiber, Fischer.

C. Fiber, Goldfuss.

C. Europaeus, Owen.

fossiles.

C. Fiber, Canadensis.

C. Fiber, Europaeus.

recentes.

CASTORES $\frac{1}{2}$.

Delahaye del.

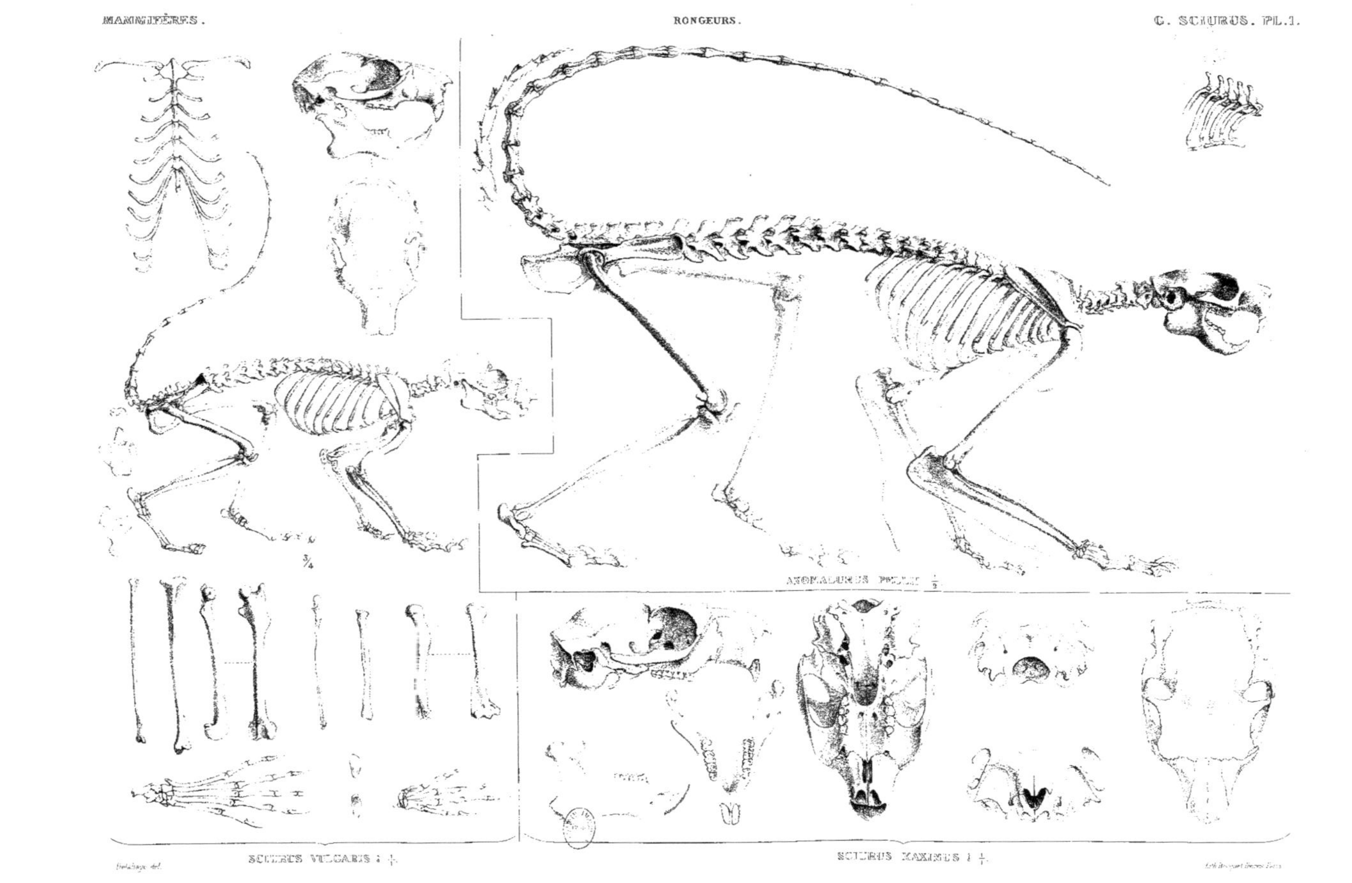

SCIURUS VULGARIS 1 $\frac{1}{1}$

SCIURUS MAXIMUS 1 $\frac{1}{1}$

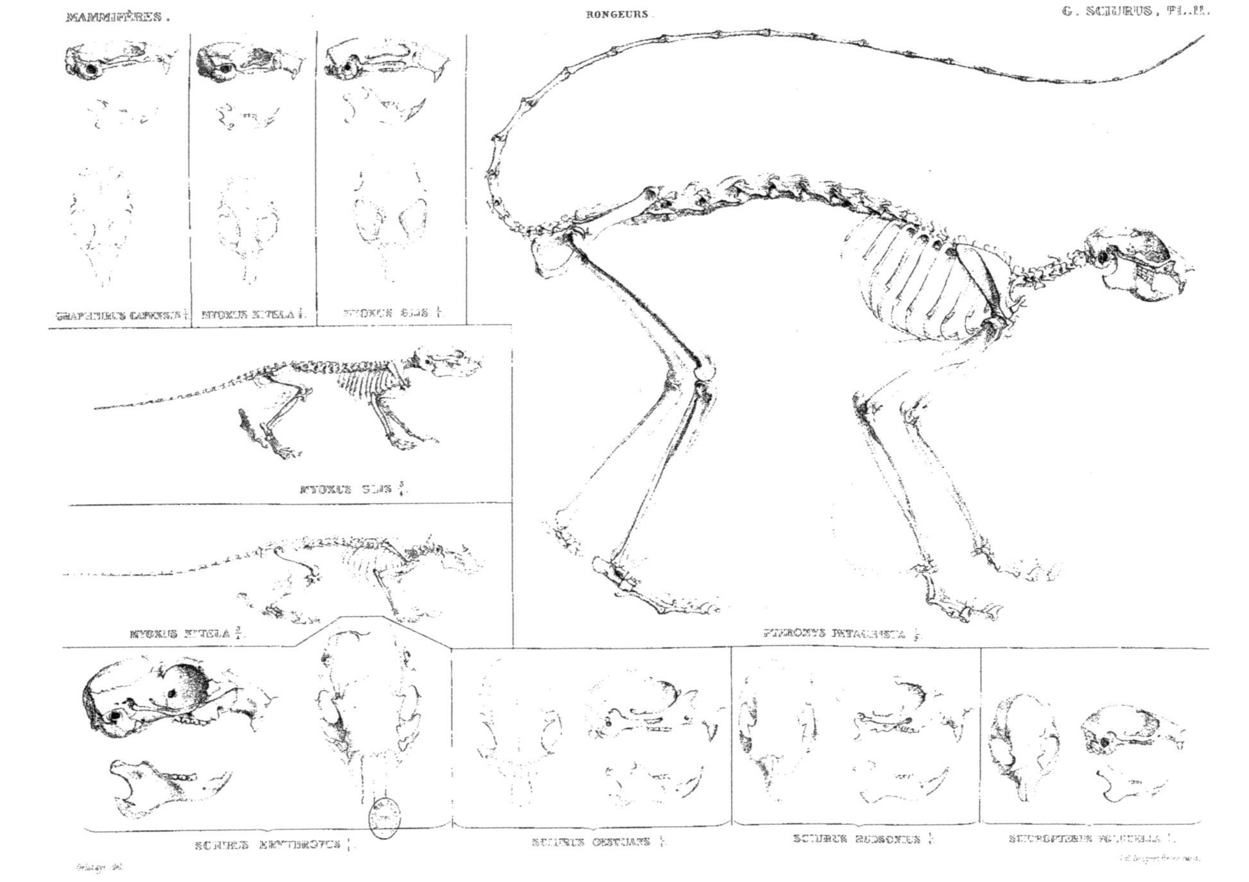
GRAPHIURUS CAPENSIS $\frac{1}{1}$.
MYOXUS NITELA $\frac{1}{1}$.
MYOXUS GLIS $\frac{1}{1}$.
MYOXUS GLIS $\frac{3}{4}$.
MYOXUS NITELA $\frac{3}{4}$.
PTEROMYS PETAURISTA $\frac{1}{2}$.
SCIURUS ERYTHROTUS $\frac{1}{1}$.
SCIURUS OESTUANS $\frac{1}{1}$.
SCIURUS HUDSONIUS $\frac{1}{1}$.
SCIUROPTERUS VOLUCELLA $\frac{1}{1}$.

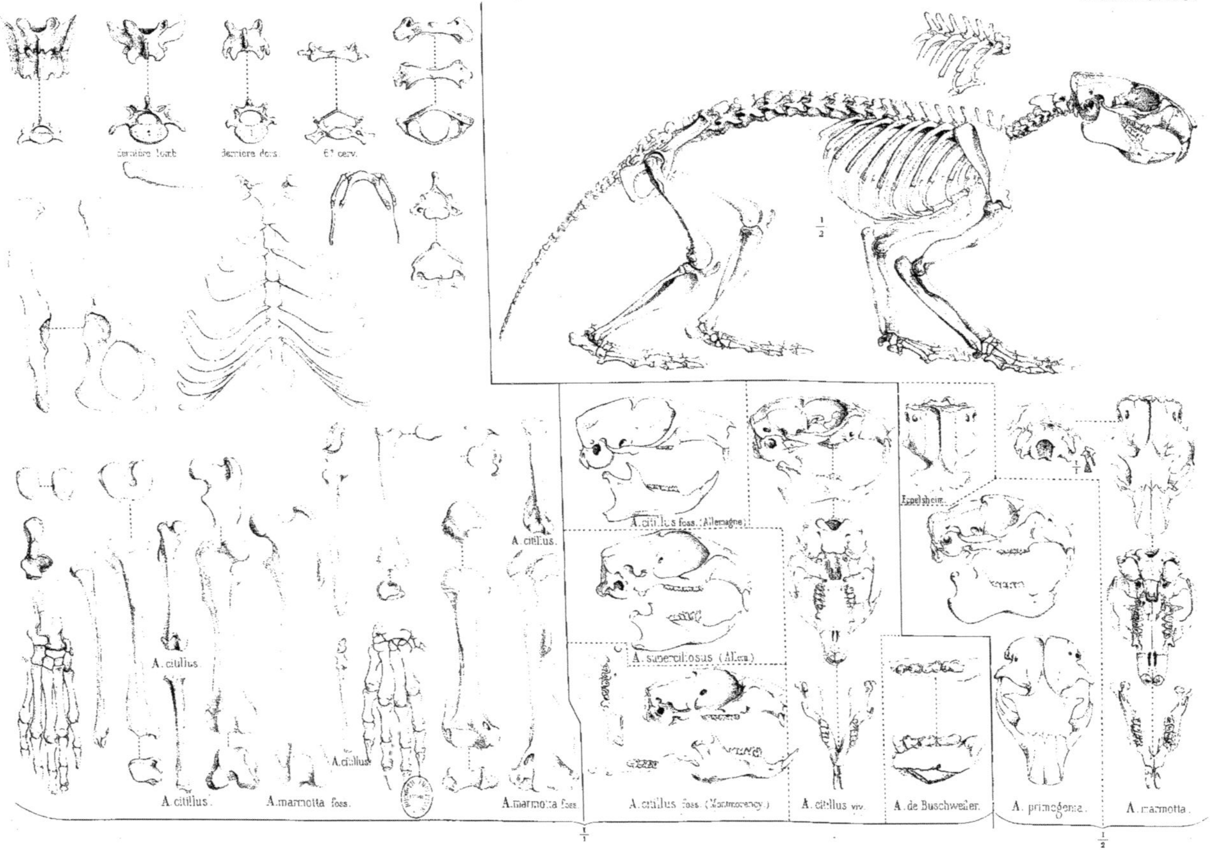

dernière lomb. dernière dors. 6e cerv.

$\frac{1}{2}$

A. citillus foss. (Allemagne)

A. superciliosus (Allem.)

Eppelsheim.

A. citillus.

A. citillus.

A. citillus

A. citillus. A. marmotta foss. A. marmotta foss. A. citillus foss. (Montmorency.) A. citillus viv. A. de Buschweiler. A. primogenia. A. marmotta.

$\frac{1}{1}$ $\frac{1}{2}$

A. MARMOTTA.

Delahaye, del.

Lith. de Becquet, Paris.

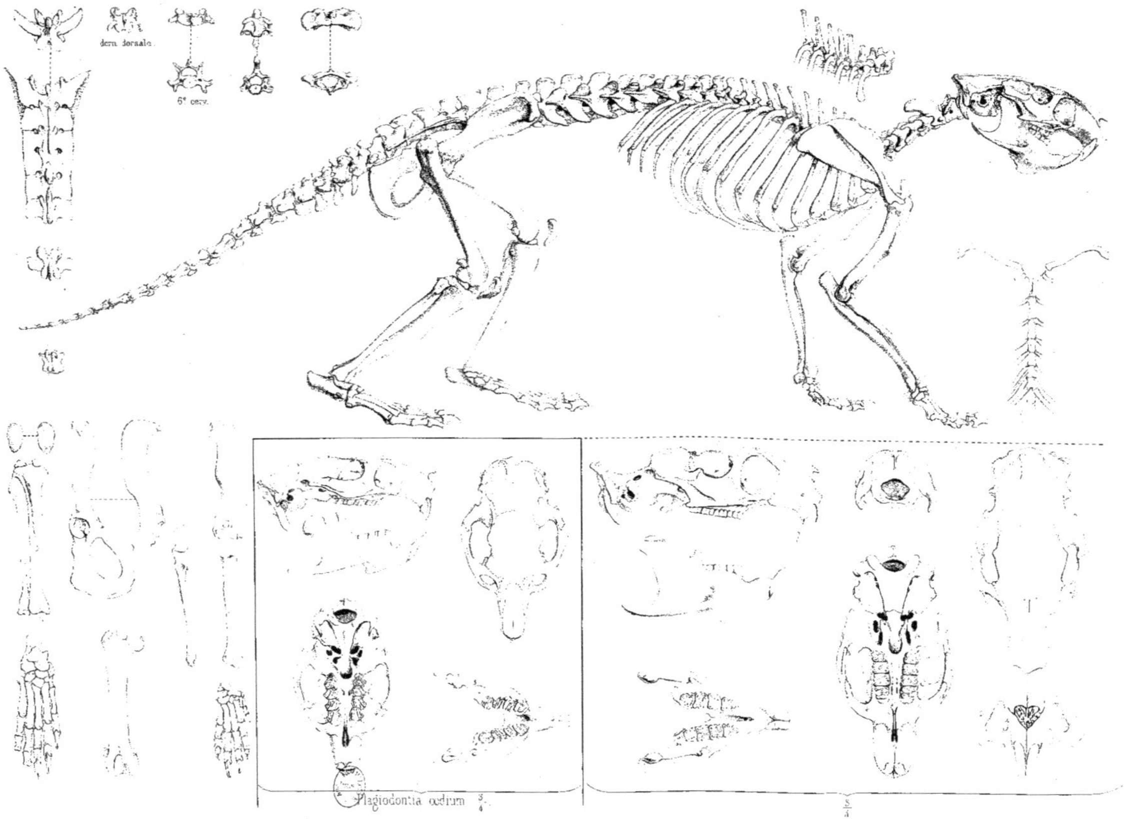

dern. dorsale.

6ᵉ cerv.

Plagiodontia œdium $\frac{3}{4}$.

$\frac{3}{4}$

CAPROMYS FOURNIERI ♂ $\frac{1}{2}$.

Delahaye, del.

Lith. de Becquet frères

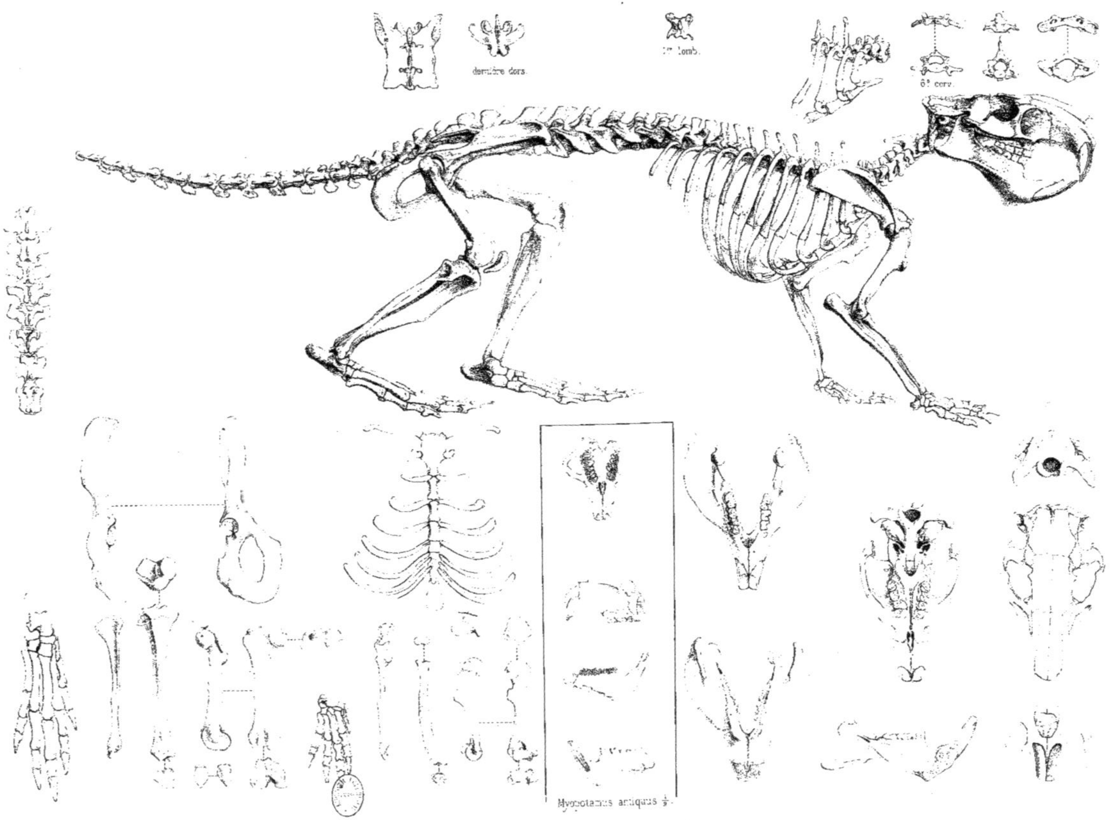

dernière dors.

1re lomb.

6e cerv.

Myopotamus antiquus $\frac{1}{2}$.

MYOPOTAMUS COYPUS $\frac{1}{2}$.

Delahaye, del.

Lith. de Becquet frères

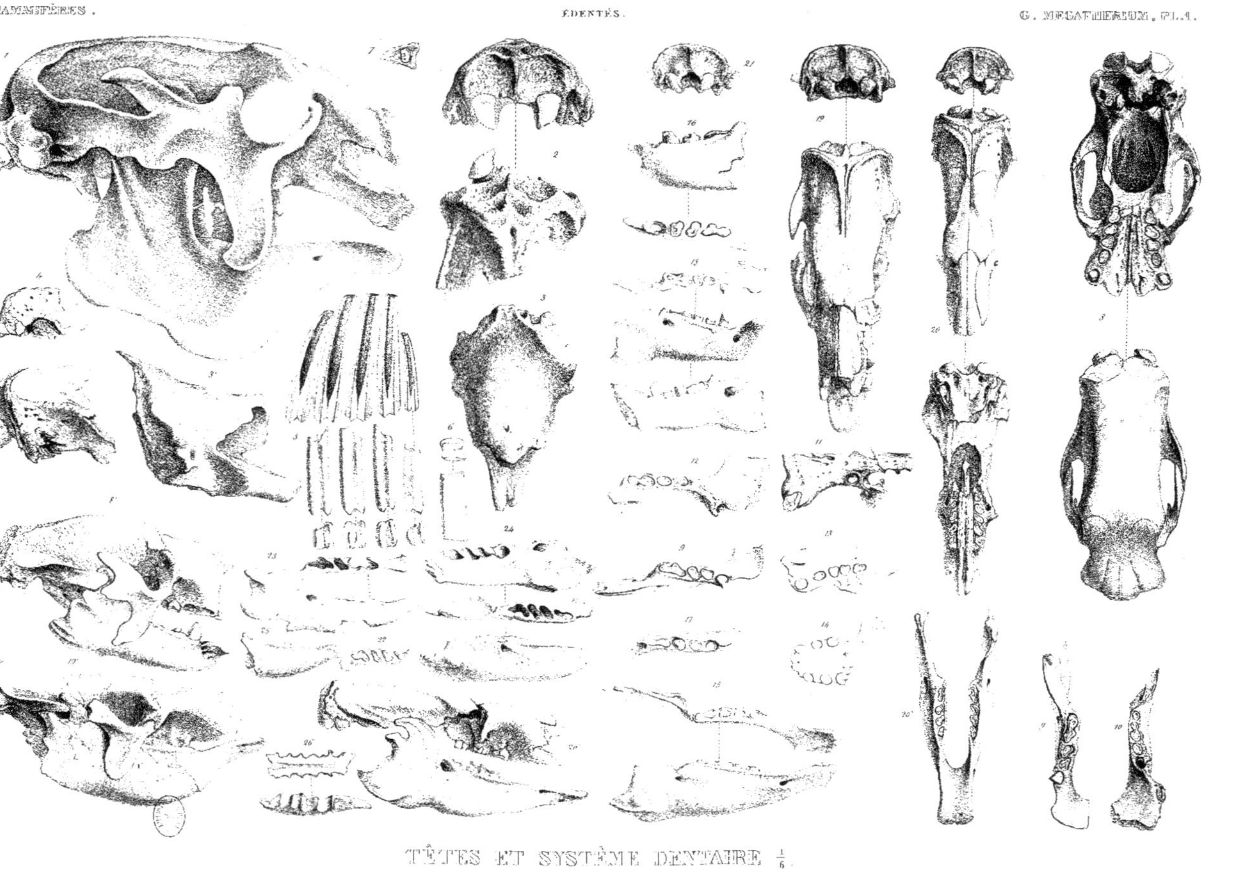

TÊTES ET SYSTÈME DENTAIRE $\frac{1}{6}$.

1 à 7 Megatherium. 8 à 18 Mylodon. 19 à 26 Scelidotherium.

Delahaye del. Lith. Becquet frères à Paris

PARTIES CARACTÉRISTIQUES DU TRONC $\frac{1}{6}$.

1 à 16. Megatherium. 17 à 30. Mylodon. 31 à 54. Scelidotherium.

Delahaye del.

Lith. Becquet frères Paris

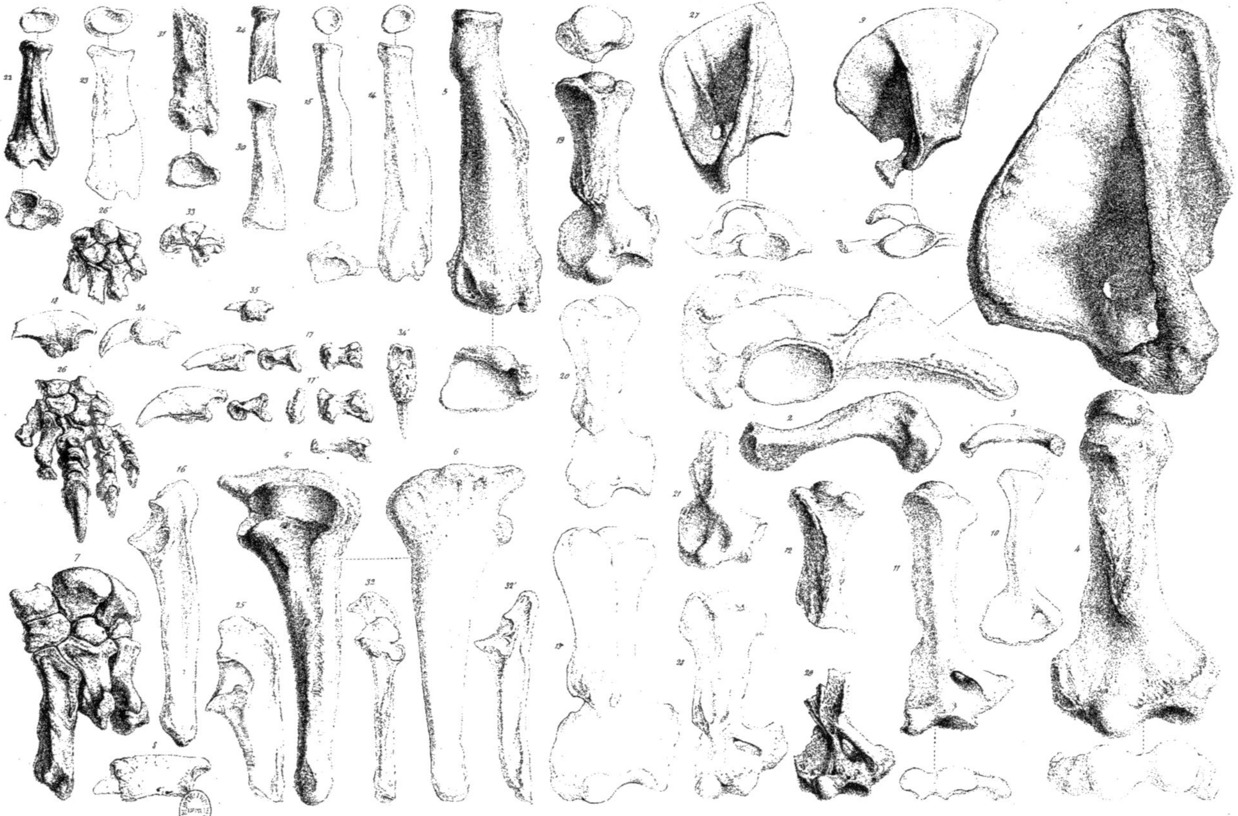

PARTIES CARACTÉRISTIQUES DES MEMBRES ANTÉRIEURS $\frac{1}{6}$.

1 à 8. Megatherium. 9 à 18. Megalonyx. 19 à 26. Mylodon. 27 à 35. Scelidotherium.

Delahaye del. Lith. Becquet frères, Paris.

PARTIES CARACTÉRISTIQUES DES MEMBRES POSTÉRIEURS $\frac{1}{6}$.

1 à 9 Megatherium, 10 et 11 Megalonyx, 12 à 26 Mylodon, 27 à 36 Scelidotherium

SQUELETTE, QUEUES ET PORTIONS DE CARAPACE DE GLYPTODON $\frac{1}{6}$.

Lith. Becquet frères Paris

TÊTES ET PARTIES CARACTÉRISTIQUES DE LA TÊTE, DU TRONC ET DES MEMBRES DE GLYPTODON $\frac{1}{6}$.

Delahaye del. — Lith. Becquet frères Paris

MYRMECOPHAGA TAMANDUA $\frac{1}{4}$.

MYRMECOPHAGA DIDACTYLA $\frac{1}{2}$.

V. cervicale.

V. dorsales.

TÊTES ET PARTIES CARACTÉRISTIQUES DU TOXODON $\frac{1}{4}$

Delahaye del.

Lith. Becquet frères, Paris

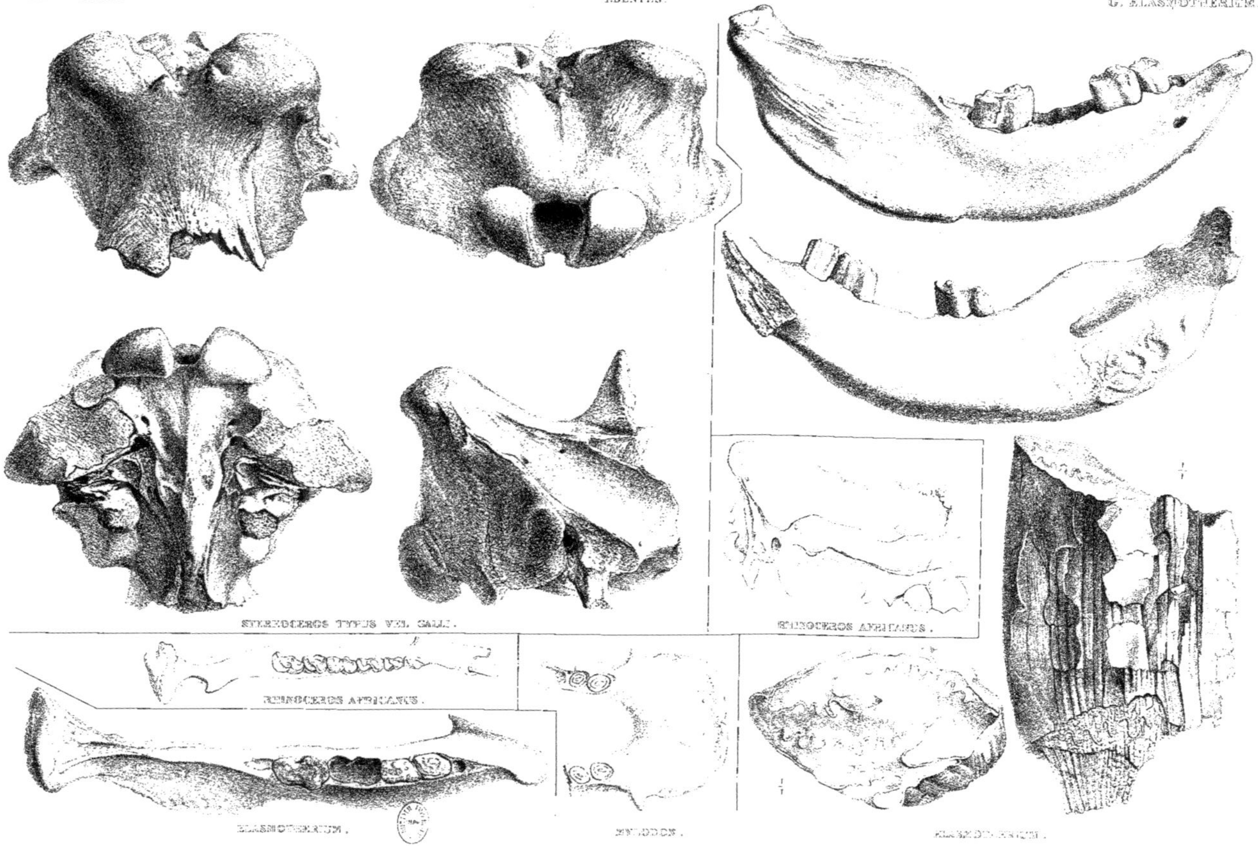

STEREOCEROS TYPUS VEL GALLI.

RHINOCEROS AFRICANUS.

RHINOCEROS AFRICANUS.

ELASMOTHERIUM.

MYLODON.

ELASMOTHERIUM.

MANDIBULE D'ELASMOTHERIUM Fischer ET CRÂNE DE STEREOCEROS TYPUS VEL GALLI Duvernoy $\frac{1}{4}$.

Delahaye del.

MAMMIFÈRES. ÉDENTÉS. G. MACROTHERIUM.

MACROTHERIUM Lartet $\frac{1}{4}$.

C. BIPORCATUS [illegible]

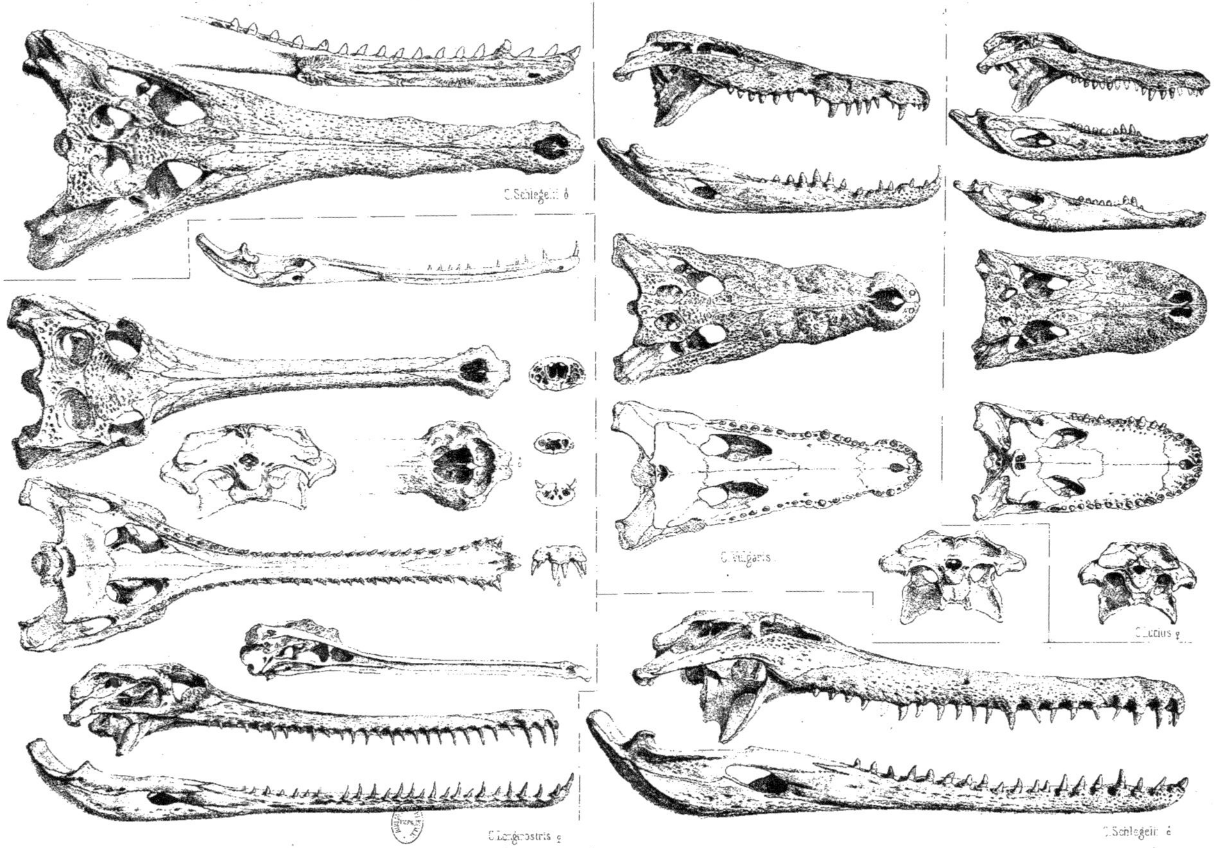

C. Schlegelii ♂

C. Vulgaris

C. Lucius ♀

C. Longirostris ♀

C. Schlegelii ♂

1/4

Werner del. Lith. de Becquet

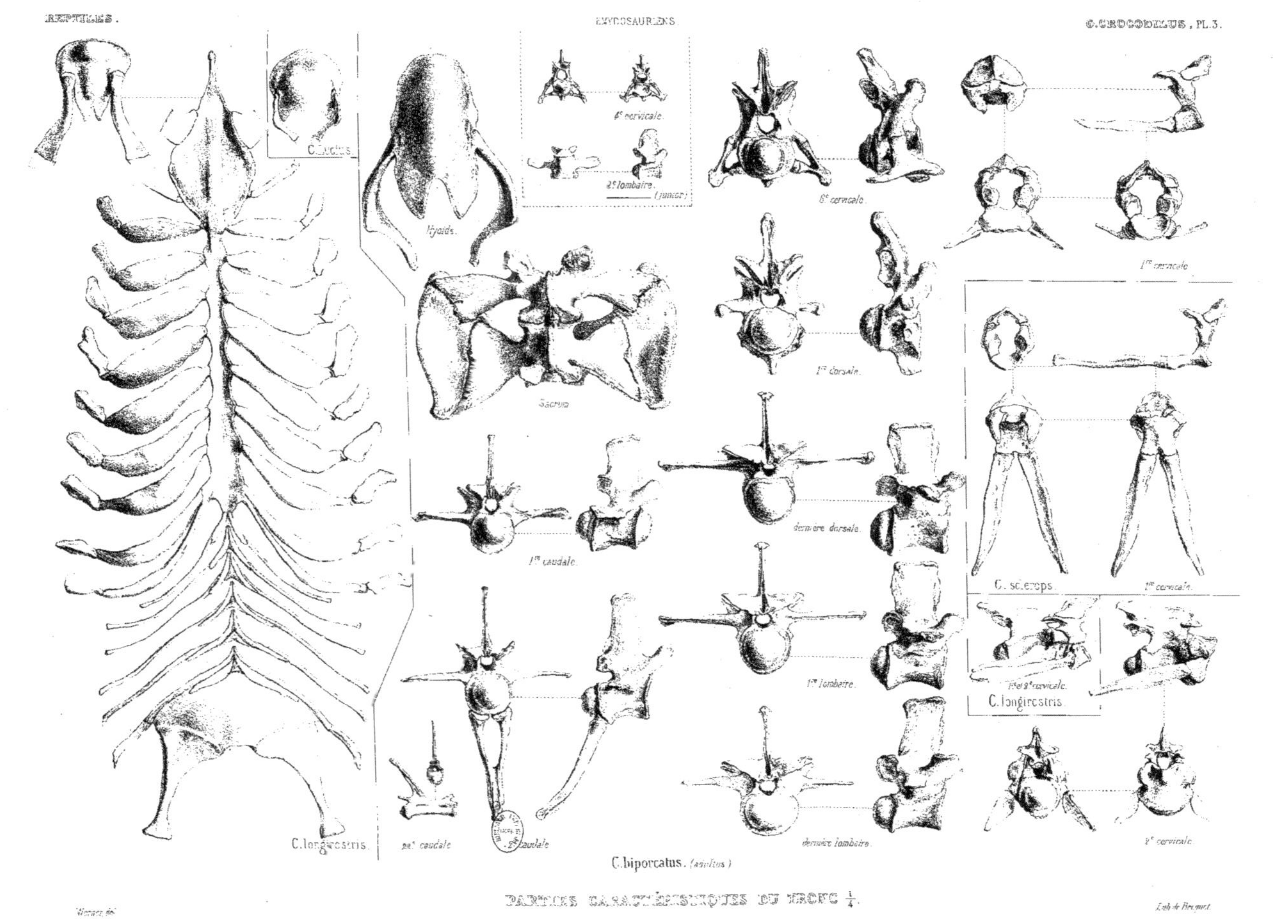

C. biporcatus. (adultus)

PARTIES CARACTÉRISTIQUES DU TRONC $\frac{1}{4}$.

Lith. de Becquet.

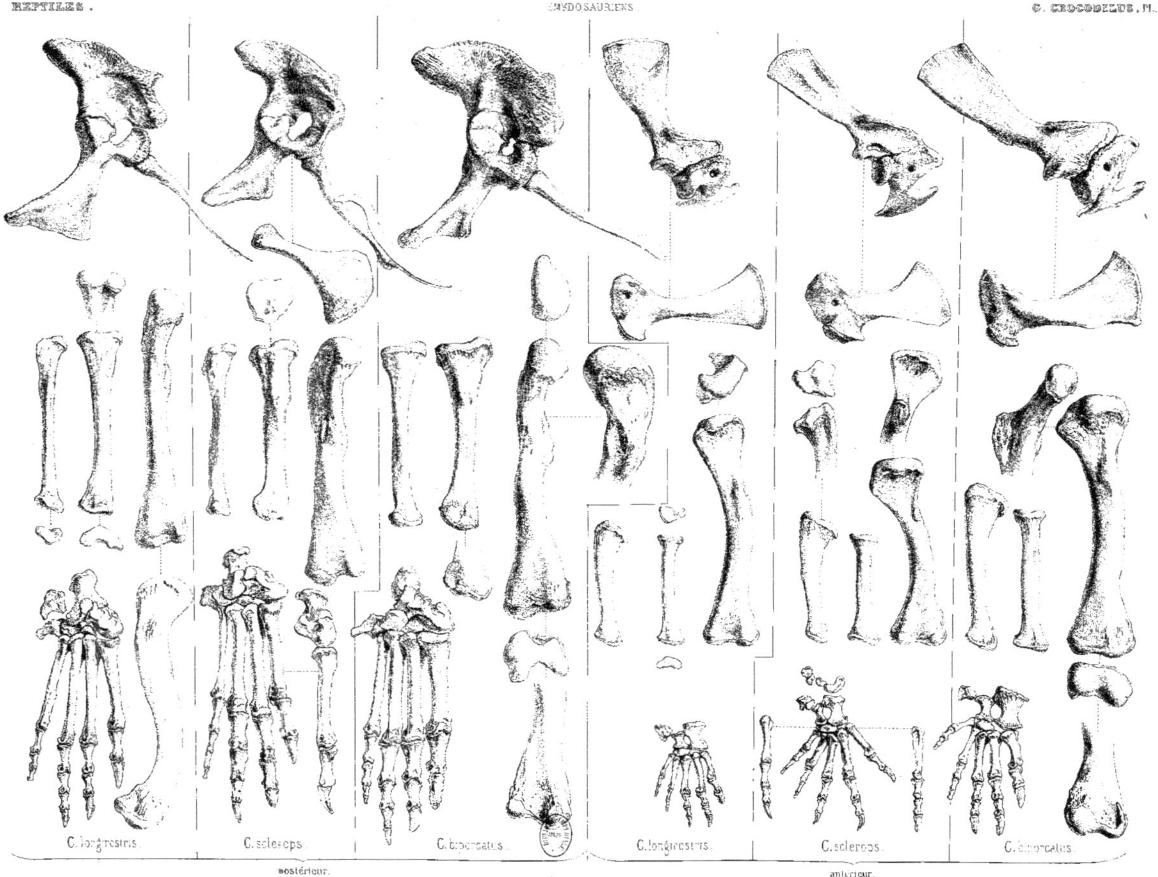

C. longirostris. C. sclerops. C. biporcatus.

postérieur.

C. longirostris. C. sclerops. C. biporcatus.

antérieur.

PARTIES CARACTÉRISTIQUES DES MEMBRES $\frac{1}{4}$.

Werner del. Lith. de Bequet

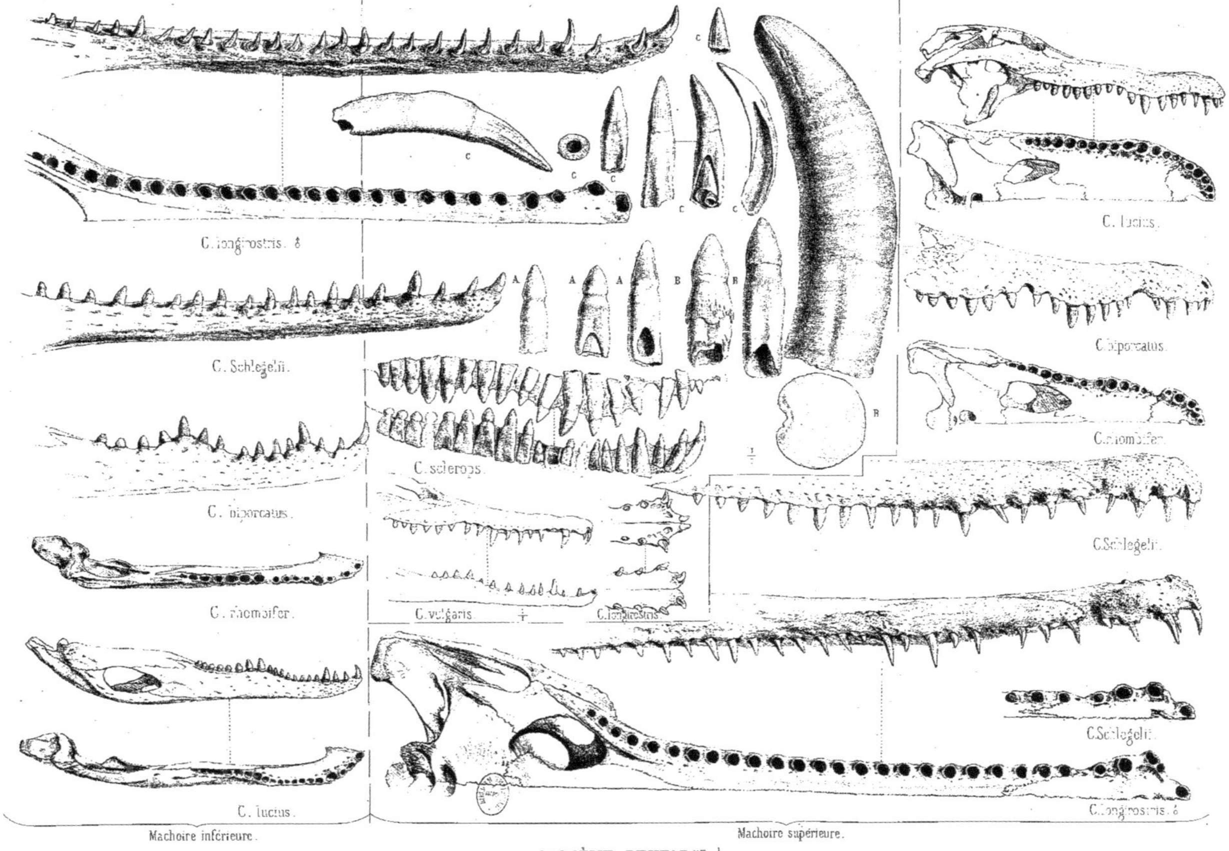

C. longirostris. ♂

C. Schlegelii.

C. biporcatus.

C. rhombifer.

C. lucius.

Machoire inférieure.

C. lucius.

C. biporcatus.

C. rhombifer.

C. sclerops.

C. vulgaris.

C. longirostris.

C. Schlegelii.

C. Schlegelii.

C. longirostris. ♂

Machoire supérieure.

SYSTÈME DENTAIRE $\frac{1}{3}$.

Werner del. Lith. de Becquet.

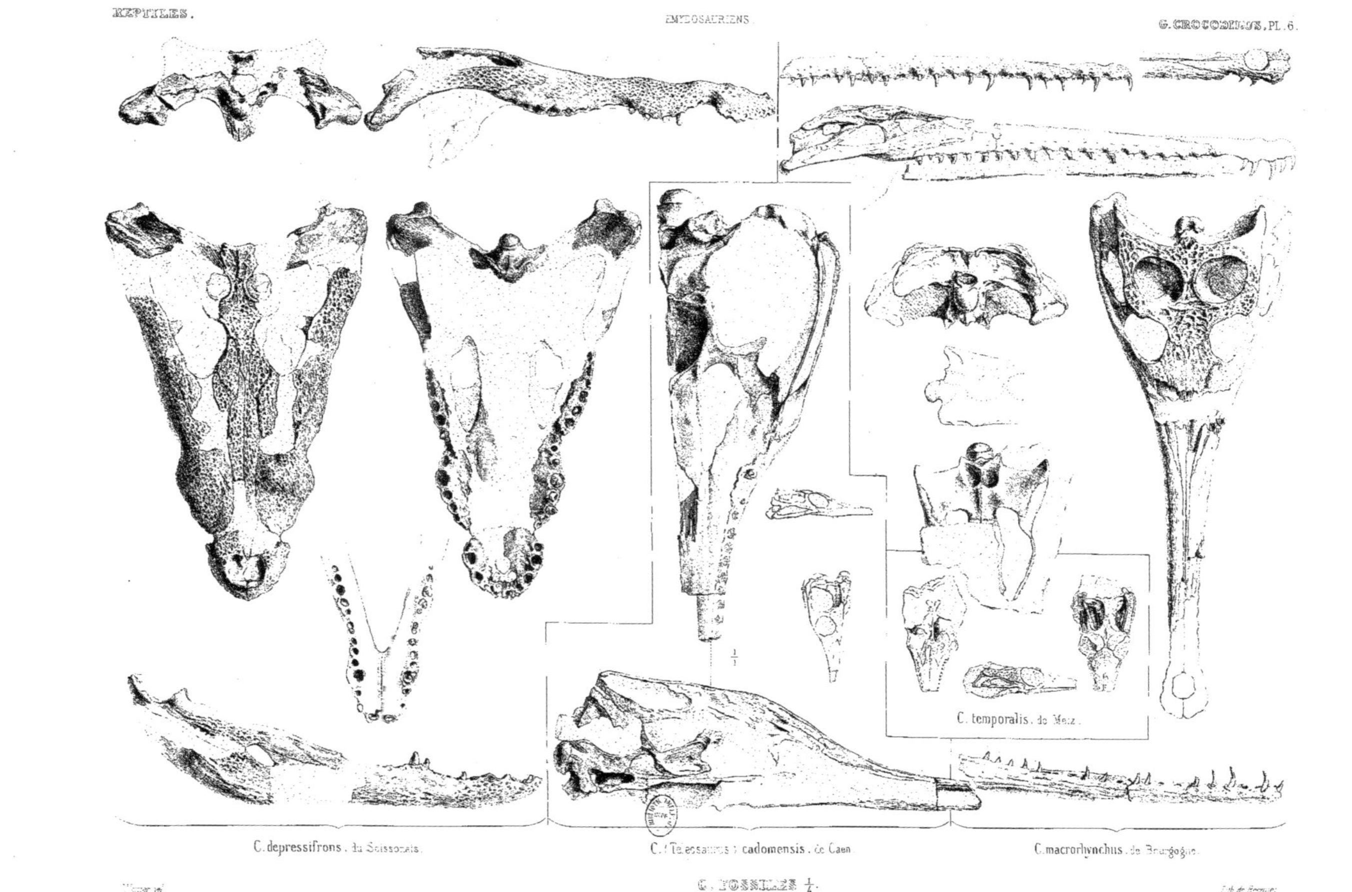

C. depressifrons. du Soissonais.

C. (Teleosaurus) cadomensis. de Caen.

C. macrorhynchus. de Bourgogne.

C. FOSSILES 1/4.

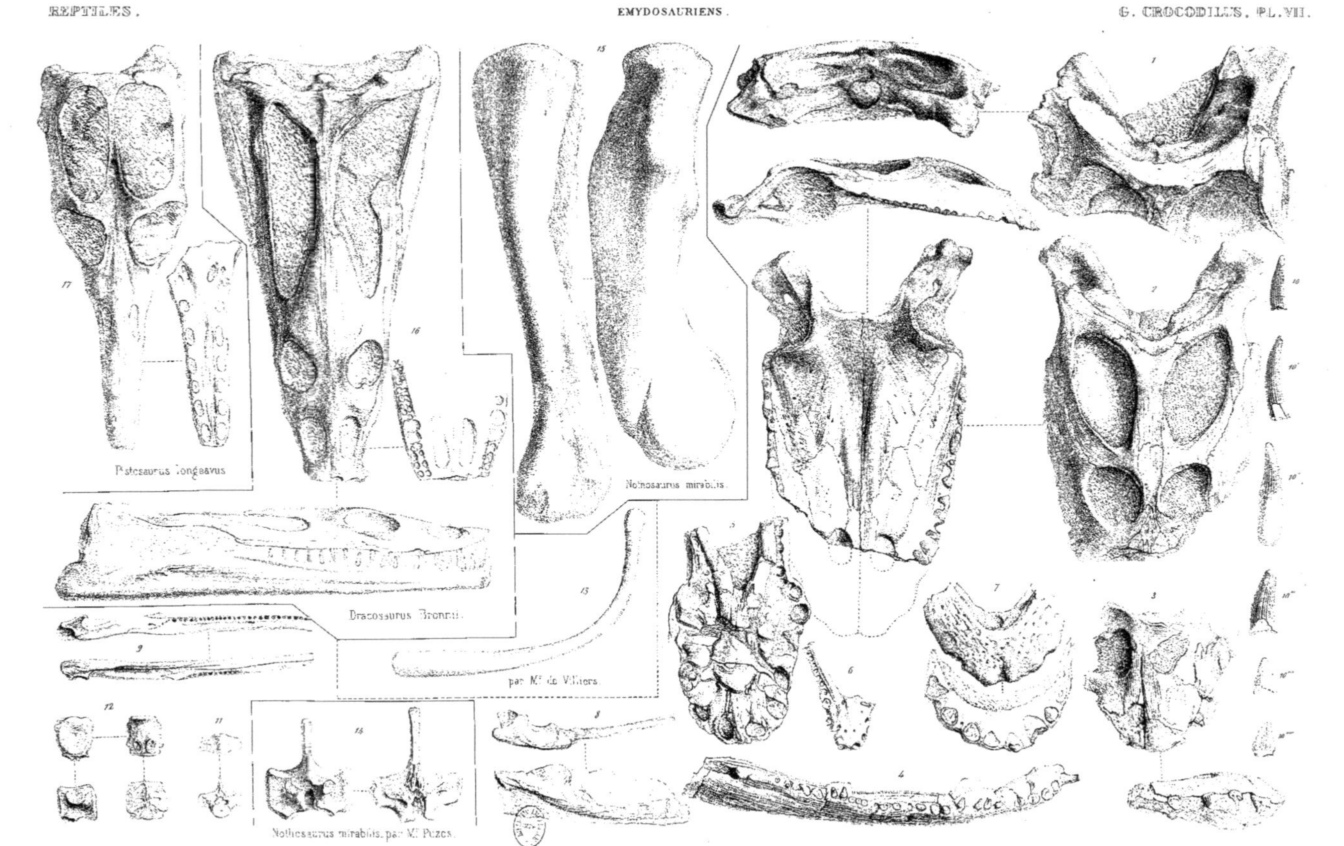

NOTHOSAURUS ou CYMOSAURUS du Muschelkalk de Lunéville, par Mr Gaillardeau $\frac{1}{2}$

Delahaye del. Lith. Becquet frères, Paris

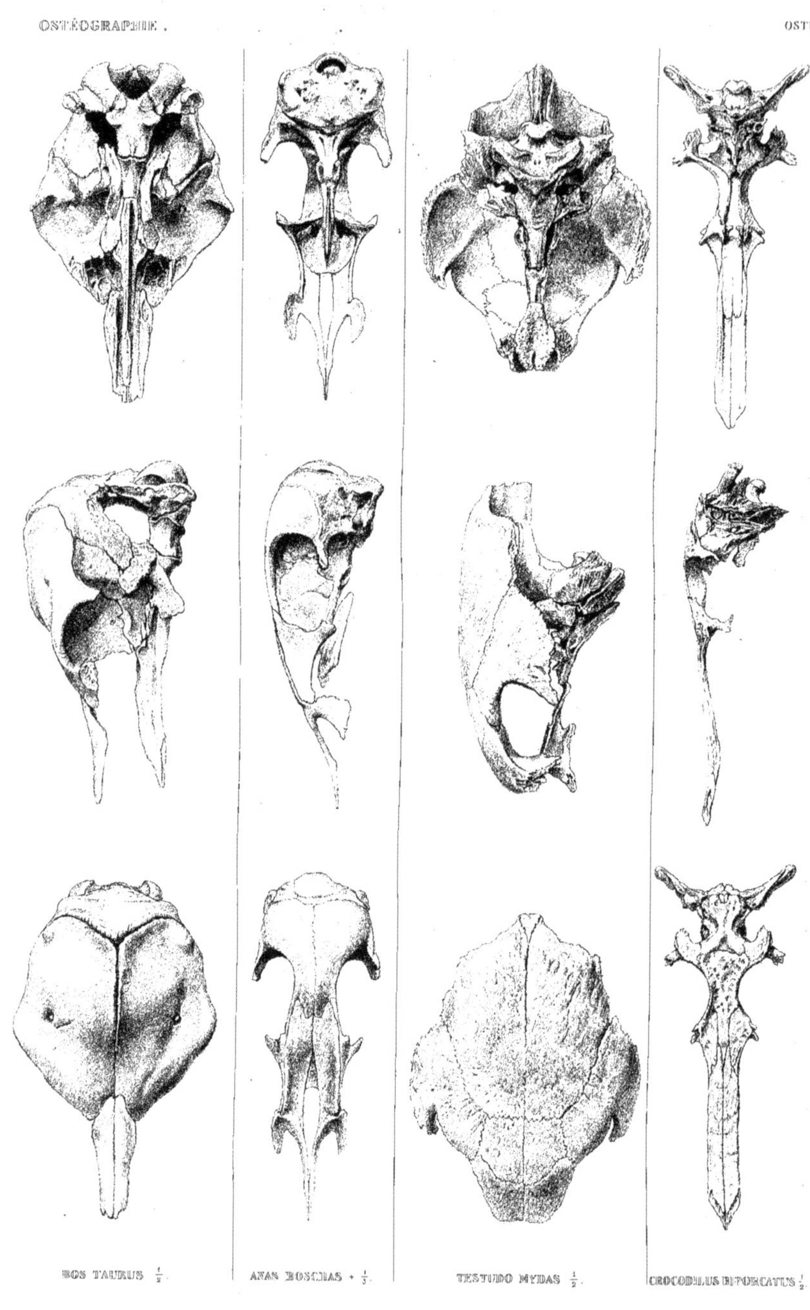

Werner, del.

SIGNIFICATION DES OS D

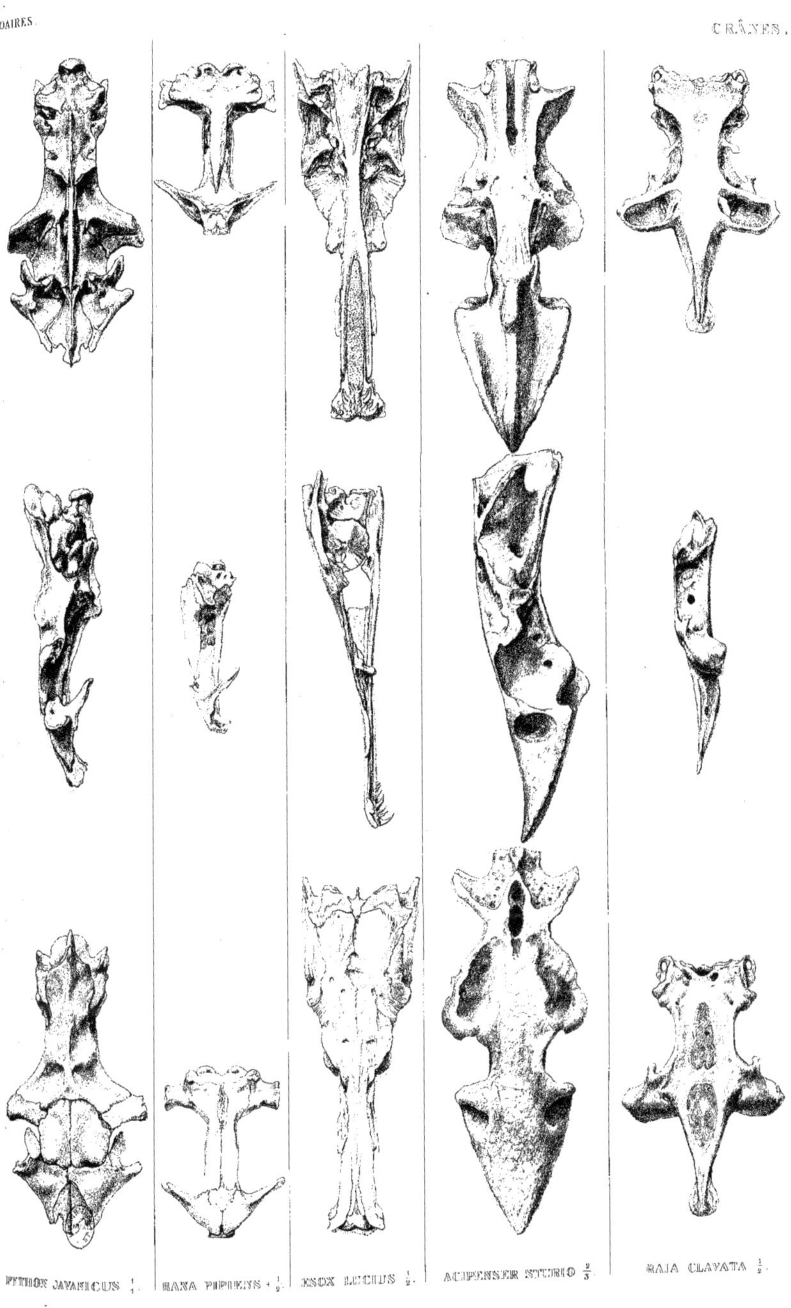

PYTHON JAVANICUS $\frac{1}{1}$. RANA PIPIENS + $\frac{1}{2}$. ESOX LUCIUS $\frac{1}{2}$. ACIPENSER STURIO $\frac{2}{3}$. RAJA CLAVATA $\frac{1}{2}$.

CRÂNE DES OSTÉOZAIRES.

Lith. Becquet frères, Paris

www.ingramcontent.com/pod-product-compliance
Ingram Content Group UK Ltd.
Pitfield, Milton Keynes, MK11 3LW, UK
UKHW020122200726
13856UKWH00002B/687

9 782011 930569